国家出版基金项目
NATIONAL PUBLICATION FOUNDATION

〔法〕克里斯蒂安·萨尔代 著　庄昀筠 译

浮游生物

奇幻的漂流世界

海洋出版社

2019 年·北京

目录 CONTENTS

单细胞生物　生命的起源 /31

细菌、古菌和病毒
肉眼虽不可见却无处不在 /32

单细胞原生生物
动物和植物的先驱 /38

浮游植物 /43

颗石藻和有孔虫
著名的石灰石建筑师 /48

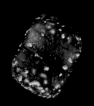  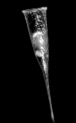

硅藻和甲藻
硅质或纤维素外壳 /54

放射虫：多孔虫和等辐骨虫
海洋表层的共生生物 /70

纤毛虫和领鞭虫
运动性和多细胞化 /86

栉板动物和刺胞动物　古老的生命形式 /93

  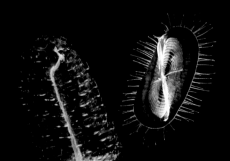

栉板动物
食肉的栉水母 /94

水母
生存高手 /102

管水母
世界上最长的动物 /112

帆水母、银币水母和僧帽水母
浮游生物界的水手 /122

甲壳动物和软体动物 生物多样性之最 / 133

甲壳动物幼虫的
蜕皮与变态发育 / 134

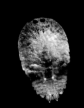

从桡足类到端足类
主题变奏 / 144

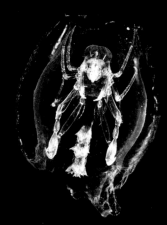

慎蛾
藏在"桶"里的怪兽 / 154

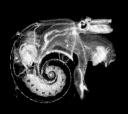

翼足类与异足类
用足部游泳的软体动物 / 164

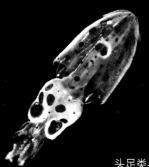

头足类与裸鳃类
漂亮的颜色与伪装 / 176

海洋中的"蠕虫"和"蝌蚪" 箭、管、网等多样形态 / 183

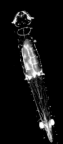

毛颚动物
海洋之箭 / 184

多毛类环节动物
海洋中的蠕虫 / 192

纽鳃樽、海樽和火体虫
高度进化的胶质动物 / 198

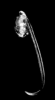

幼形虫
生活在网中的"小蝌蚪" / 204

胚胎和幼虫 / 209

序

　　若你呼吸两口气，其中一口便来自浮游生物产生的氧气，尤其是漂浮在海洋里，进行光合作用的单细胞浮游植物。令人惊叹的是，这些优雅的、微小的细胞进行着地球上一半的光合作用，并制造了一半的氧气，这相当于所有陆生植物光合作用的总量。它们改变了海洋、大气和陆地环境，使地球适合各类生物生存，包括我们人类自身。在很多情况下，浮游植物爆发性生长时，密度极高，可使海水表层变色，甚至能从人造卫星上观察到。翻开这本精彩的书，你将即刻领略到各种浮游细菌、浮游植物和浮游动物丰富的多样性，以及它们迷人的千姿百态。而这仅仅是个开始。

　　众所周知，海洋中最大的动物长须鲸捕食大量浮游动物——磷虾。但是，海洋食物网（生物之间捕食与被捕食的网状关系）远比这个为人熟知的例子复杂。许多浮游生物之间存在着捕食关系。这本书将向你介绍错综复杂的海洋食物网中的重要成员，包括以单细胞或集群浮游植物为食的浮游动物，肉食性水母，以及一些"挑食"的肉食性浮游动物——仅以一些特定的浮游动物为食。有的浮游生物既能像植物一样进行光合作用，又能像动物一样进行捕食；有的能分泌矿物质，如碳酸钙或硅酸盐，形成精美复杂的骨架。有一类胶质浮游动物——有尾类，有极其精细的网状滤食结构，可以捕食海洋中最小的细菌。在体型大小上，有尾类之于细菌就好比鲸鱼之于磷虾。大部分鱼类也以浮游生物为食，尤其在关键的仔鱼期，能否及时捕获种类合适的浮游动物饵料将决定鱼类存活。

　　大气中积累的二氧化碳有多少可以被深埋到海洋里？浮游生物是决定海洋储碳能力的首要因素。这本书将向你介绍这类生物：单细胞初级生产者合成新的有机碳，细菌同时消耗溶解态及颗粒态物质，单细胞捕食者保持与它们的食物相同的生长速率，大量多细胞浮游动物一边捕食其他生物一边加快有机物向深海沉降的速率。这就是从海洋上层到深层的碳"生物泵"，是海洋储碳的最主要途径。在某种程度上，浮游生物群落的消长变化决定了未来气候变化的速率。同时，浮游生物也是过去及未来海底石油和天然气形成的基础。

　　光合作用、鱼类及贝类的生产、储碳及气候调节，所有这些过程都依赖于海洋生物多样性的平衡。生物多样性是这本书关注的焦点。《浮游生物：奇幻的漂流世界》一书的宗旨不在于回答浮游生物生态学、海洋学或气候科学领域众多复杂的科学问题，而是通过精美的图片和简明的文字，向读者展现一个迷人的浮游生物世界。这将是一本独一无二浮游生物入门书籍。

　　这本书可从不同的角度来欣赏。这是一场浮游生物的美学"盛宴"，多种多样美丽的浮游生物照片第一次公布于众。许多物种大多数人都未曾见过，或者即使见过也不曾深入了解。这本书在许多方面继承了二十世纪早期自然学家恩斯特·海克尔的精神。在其代表作《自然的艺术》中，恩斯特试图描绘了生物世界的对称及美丽。而本书作者克里斯蒂安·萨尔代则更进一步，将浮游生物世界的多样性置于进化的大环境中，阐释了历经五次大灭绝的重创之后，地球上的生命是如何开枝散叶、繁衍生息的。塔拉海洋科考，谱写了环球探索海洋生物多样性的新篇章。克里斯蒂安，是塔拉海洋科考的联合创始人，在此书中着重强调了浮游生物群落的区域性差异，同时也介绍了大量浮游生物的游泳、摄食、繁殖、生物发光以及感官生物学方面的知识。

这本书定会激发读者对浮游生物的兴趣，点燃他们进一步学习、甚至参与研究的热情。二十一世纪，我们面临诸多严峻挑战，这就需要充分认识到浮游生物对海洋环境和人类生活的重要意义。气候变化、海洋化学环境的变化和世界渔业产量的下降，都与浮游生物的命运息息相关。

浮游生物的光合作用和呼吸作用影响了大气层中温室气体和气溶胶的积累。海水变暖使许多浮游生物向两极迁移，也改变了海水的密度分层。在许多区域，这些变化使得海洋深层营养盐更难以传输到表层，支持浮游生物生长。海洋吸收大气中的二氧化碳已经导致海洋酸化，可能会严重影响有壳生物。过量营养物质排放入海，近岸海域的富营养化与缺氧海区的增多密切相关：过量的营养盐引起浮游生物的爆发，细菌分解浮游生物产生的有机物消耗大量氧气，继而导致水体缺氧。尽管大部分浮游植物爆发是有利的，一些有害藻类的大量增殖却可能对人类或海洋食物网中的其他生物产生毒害。在一些区域，由于过度捕捞，鱼类的种类和大小出现明显改变。全球航运导致外来浮游生物入侵近岸环境，有一些入侵物种甚至严重破坏自然食物网。而且，人们逐渐认识到"人造浮游生物"，也就是细小、悬浮的塑料颗粒，不仅在近岸环境，甚至在大洋中均有富集，然而，这将对海洋生态系统带来怎样的影响还不为人知。我们只有更好地认识调控浮游生物群落及其适应环境变化的过程，才能应对这些挑战。

多年来，我一直在寻找一本书，既能让普通大众了解浮游生物多样的形态和功能，又能表达我们这些研究者对浮游生物深深的热爱和着迷。《浮游生物：奇幻的漂流世界》及其网站"浮游生物志"（www.planktonchronicles.org）完美地实现了我的愿望。浮游生物，是一个所有地球生命都赖以生存的漂流群体。这本书必将激起读者对这些美妙生物的浓厚兴趣。准备好，让我们开启一段震撼的发现之旅！

马克·欧曼（Mark Ohman），美国加州大学圣地亚哥分校斯克里普斯海洋研究所
Scripps Institution of Oceanography, UC San Diego

南美洲巴塔哥尼亚地区（Patagonia）大西洋沿岸的藻华景象
该藻华主要由颗石藻和硅藻爆发形成
图片由美国国家航空航天局(NASA)水卫星(Aqua)于2010年12月拍摄

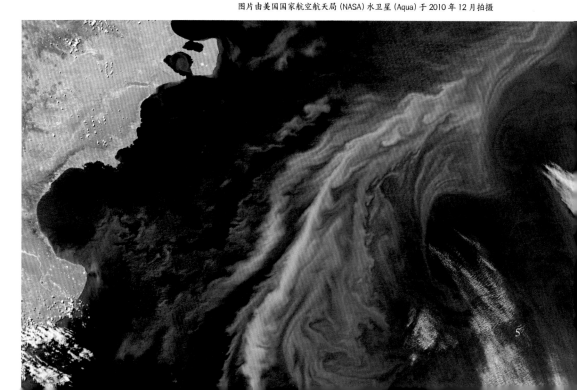

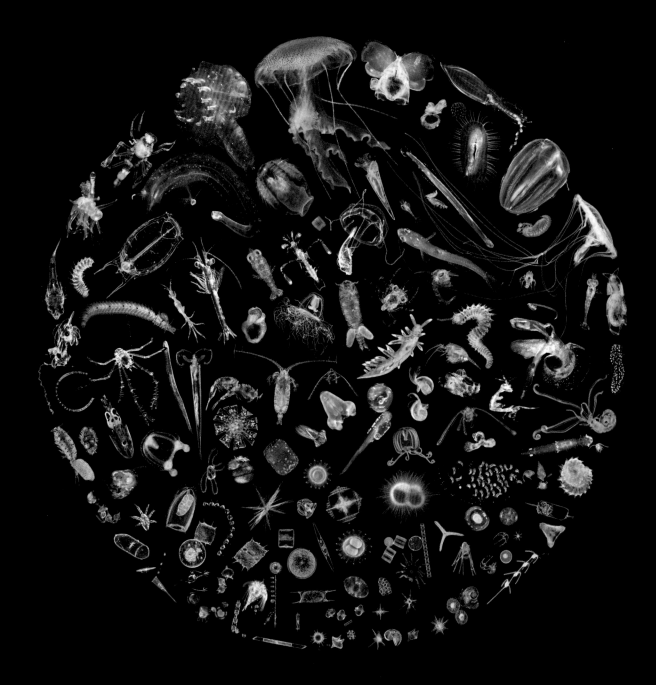

浮游生物"大拼盘"

　　浮游生物，包含来自各个生物域的大量种类。这幅图展现了超过200种不同的浮游生物，绝大部分会在这本书中介绍。图的上部是浮游动物中个体最大的：水母、管水母、栉水母和纽鳃樽。图的中部是毛颚动物、环节动物、软体动物和甲壳动物，也包括一些几毫米至几厘米大的幼虫和幼体。图的下部是小于1毫米的微型生物，大部分是单细胞原生生物，包括放射虫、有孔虫、硅藻和甲藻。这个微小的世界也包括许多多细胞生物，例如以上一些动物的胚胎和幼体。

注：各个生物图的大小非等比例缩放。

前　言

浮游生物——奇幻的漂流世界

什么是浮游生物？

浮游生物泛指众多漂浮在水中的生物，该名称源于希腊语 plantos，意为游荡或漂流。庞大的生物群落构成了浮游生态系统，在海洋中历经 30 多亿年的进化，谱写了一首生命起源和多样性的颂歌。细菌、古菌、各种各样单细胞和多细胞生物相互竞争又相互依存。

肉眼可见的动物，比如鱼类、鱿鱼、章鱼和海洋哺乳动物，仅占海洋总生物量的 2%，而其余的 98% 通常由肉眼不可见的浮游生物组成。诸如微小的甲壳动物、软体动物、胶质动物（如水母和纽鳃樽），完全漂浮生活在洋流中。管水母中最著名的帆水母和僧帽水母，也是在海面上随风漂流。不同的浮游生物间有着错综复杂的关系，寄生和共生是常见的生存法则。

浮游生物的多样性和丰度随着海流、海域和洋盆的地形、大气条件而变化。浮游生物的群落组成也受到季节、气候和污染的影响。温度、盐度及营养盐条件适宜时，生物开始生长繁衍。浮游生物中数量最多的是细菌和古菌，它们是单细胞生物，没有成形的细胞核和细胞器，称为原核生物。具有细胞核和细胞器的叫真核生物，包括结构复杂的动物和单细胞原生生物。典型的原生生物，

一只鲸鱼正在捕食大量增殖的浮游生物。
韦恩·戴维斯 摄 来源: www.oceanaerials.com

如硅藻、甲藻和颗石藻，它们的细胞可以快速分裂、大量增殖以致爆发藻华。卫星图片可观察到大量的微藻聚集甚至可以导致海水变色。通常浮游生物爆发是有益的，但有些种类的爆发会破坏鱼类和软体动物的栖息地。还有一些种类分泌的物质会促使云的形成，继而影响气候。

对气候影响最大的是那些能进行光合作用的微生物，即浮游植物，它们可以像陆生植物一样捕获光能，利用光能将二氧化碳、水和矿物质转化为有机物和氧气。

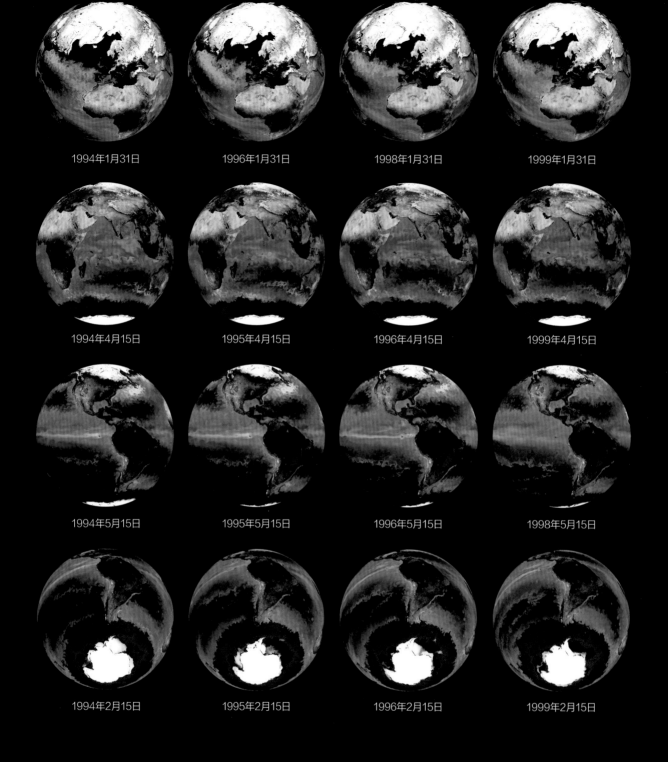

计算机模拟图像概括了海洋浮游植物动态变化及洋流。美国麻省理工学院的米克·福洛斯团队模拟了 1994 年到 1999 年间海洋
中不同大小的浮游植物的丰度、分布及其变化。
红色和黄色：硅藻及其他个体相对较大的浮游植物。
绿色和蓝色：以聚球藻和原绿球藻为代表的蓝藻及其他个体相对较小的浮游植物。

麻省理工学院米克·福洛斯，奥利弗·扬，海洋环流与气候预测计划 II（ECCO₂）和达尔文计划。

鸟瞰澳大利亚大堡礁赫伦岛附近海域的藻华，或称为"赤潮"。

加里·贝尔 摄 来源：Oceanwidelmage.com

浮游植物，例如硅藻和甲藻，是海洋食物链的基础，是放射虫和有孔虫等其他单细胞原生生物的食物。原生生物则被无数微小的浮游动物及其幼体所捕食。珊瑚、棘皮动物、软体动物和甲壳动物的成体生活在近岸及海底，但它们产生的大量配子、胚胎、幼虫及幼体则营浮游生活。

大部分海洋动物进行有性繁殖，但是有许多种类繁殖并不需要交配。浮游动物向海里释放大量卵子、精子或胚胎。受精作用通常发生在水中，紧接着开始快速发育：幼虫孵化、摄食并随波漂流，有一些最终会附着在岩石或者海藻上。那些躲过捕食者幸存下来的幼虫和幼体经历多次变态发育后，长为成体。一旦成熟，一些种类会终生漂浮，而另一些，如鱼类和头足类则在海流中穿梭游动。

浮游生物与人类

人类生活与浮游生物息息相关。我们每一次呼吸所需要的氧气都来自浮游植物的馈赠。事实上，光合细菌和原生生物产生的氧气量相当于所有森林和陆生植物的总和。在过去的 30 亿年里，浮游植物吸收了大量二氧化碳，它们通过碳循环调节海洋生产力和酸度，并对气候产生重要影响。

浮游生物也是化石能源的最大来源。它们的尸体和排放出的废物沉入海底，以富含细菌的颗粒物——"海雪"的形式存在。这些颗粒物在海床上沉积数百万年，经过掩埋、积压、微生物的代谢，形成一种黏性岩石，并最终转化为石油和天然气。人类利用这一碳源发电，为交通工具提供燃料，并为各类生产提供原料。我们每年消耗的石油数量，浮游生物需要在海底埋藏 100 万年才能产生。

一些原生生物，如有孔虫、硅藻、放射虫和颗石藻，它们的外壳和骨架历经千百万年，沉积成厚厚的钙质或硅质层，形成沉积岩。这些沉积岩经剧烈的地壳运动抬升形成山。如今，我们可以在悬崖、沙漠以及用于建造房屋和纪念碑的砂石中发现这些微小的外壳和骨架。而且，浮游生物是我们的食物之源。所谓"大鱼吃小鱼，小鱼吃虾米"，从鱼、虾到微生物，浮游生物正是海洋食物链的基础。因此，没有浮游生物就没有鱼类！

澳大利亚鲨鱼湾的叠层岩：记录最古老生命形式的活化石。马克·波义耳 摄

地球生命的起源

46亿~35亿年前：生命起源于原始海洋

大约在 46 亿年前，巨大的石块和冰冷的陨石经过碰撞聚集在一起，在一团气体中，我们的星球诞生了。岩石熔化后渐渐冷却。在充满水汽和强降雨的大气层里，原始海洋形成了。生命是像达尔文所想的那样，起源于一个小小的泥潭？还是起源于海底的热液喷口附近？生命也许来自外太空，被包裹在冰冷的陨石里掉入原始海洋？也许有一天，我们会知道答案。

有证据显示，大约 35 亿年前的原始海洋里就生活着浮游生物。它们可能是原始的细菌和古菌，能够存活在无氧环境中，并从金属、气体和地热中获取能量。如今，生活在热液喷口和热泉里的微生物依然延续着这种生存方式。几十亿年前，这些微生物开始改变地球环境，沉积岩和叠层石中的印迹记录下了它们曾经的生化活性。例如，厚厚的沉积层正是蓝细菌矿化作用的杰作。蓝细菌是通过光合作用造氧的鼻祖，为其他生物创造了可呼吸的环境——含氧的大气和海洋。这些早期的浮游植物形成了海洋浮游食物链的开端。

35亿~24亿年前："红色星球"伟大的氧化过程

自从生命在海洋中起源，蓝细菌成为了主要的光合作用者。在约 10 亿年的时间里，它们制造了大量氧气，改变了最初充满甲烷和二氧化碳的大气。菌膜循环往复进行光合作用，产生的氧气深度氧化了原始地球。含有氧化铁的巨大条状岩层沉积到海底。从外太空看，24 亿年前，我们的星球可能看起来和今天的火星一样红。细菌活动改变了原始大气的组成，使其含氧量达到现代大气的 10% 左右。臭氧层在地球表面形成，使生物免受紫外线的辐射。然而，新的大气条件对于一些无法适应的细菌和古菌来说是灾难性的。很多幸存者到深海或其他地方避难，这些地方我们可能认为不适合居住，然而它们却生存下来并进化至今。我们称这些在极端环境下生存的生物为"极端生物"。

24亿~14亿年前：生物把地球变为"雪球"

在造氧光合作用的影响下，地球经历了一个冰冻期。原始大气的主要成分是甲烷——一种强力吸热的温室气体。但是，大量氧气把甲烷氧化为二氧化碳。甲烷的减少导致整个地球冻结成冰。这种被冰覆盖，或者说如"雪球"的状况，持续了数千万年。随着时间的推移，火山喷发出大量二氧化碳，连同海底古菌制造的甲烷，使地球渐渐回暖，冰川开始融化。

10亿年前：原生生物的出现

早期地球生命经历了激烈的环境变迁和特殊的混沌时期，原始的古菌和细菌也以不同寻常的方式进化着。有些细菌和古菌吞噬其他细菌和古菌，并将它们保留在细胞内。继而，真核生物诞生了：被吞噬并保留在细胞内的细菌或古菌进化为含有DNA的细胞核以及其他细胞器，例如，产生能量的线粒体和叶绿体。由此生成的有细胞核和细胞器的单细胞生物被认为是最早的单细胞真核生物，也是原生生物的祖先。甚至在今天，细菌、古菌和原生生物之间仍进行着细胞器、基因和蛋白质的交换，用以获取新的功能和代谢途径。有些原生生物含有共生藻类，有些则形成细胞群落，成为向多细胞生物体进化的第一步。通常认为，最早的多细胞生物10亿年前在海洋中出现，但由于它们没有矿物骨架，没能留下任何化石记录。

关于病毒

病毒和噬菌体（侵染细菌的病毒）广泛存在于土壤、淡水及海洋生态系统中。与细菌、古菌和真核生物不同，病毒不是细胞且不能自我繁殖，而是由核酸组成的，通常包裹在蛋白质或者脂肪结构中。病毒DNA进入宿主细胞并操纵宿主DNA复制来完成自身繁殖。除此之外，病毒还可以控制被感染宿主的其他遗传过程。在一些情况下，病毒被认为可以控制宿主的生活史，有时会导致意想不到的结果。例如，病毒通过感染浮游生物，可能会参与调控或终止大规模的浮游生物爆发。科学家们近来发现多种巨型病毒，如gyrus，拟菌病毒（mimivirus）和巨大病毒（megavirus），它们自身可以被较小的病毒侵染。病毒在地球上诞生的时间可能和细菌、古菌及真核生物类似，甚至更早。有些科学家认为它们是生命树上的细菌、古菌和真核生物以外的第四个生物域。

海洋生命的爆发、灭绝与进化

8亿~5亿年前：最早的动物

8亿~7亿年前，动物的祖先出现在海洋中，但鲜有化石记载。它们是什么时候出现的，怎么出现的仍是个谜。生物学家和古生物学家通过分析化石和现存生物的形态特征、代表物种的基因和基因组在不断寻找答案。海绵、栉板动物和刺胞动物起源于最古老的动物谱系。刺胞动物是一个动物门，包括珊瑚、海葵和大型胶质浮游生物，如水母和管水母。所有的刺胞动物都有像刺针一样的细胞，叫刺细胞，这个名词来源于希腊语中的"针"。刺胞动物门的各类生物，展现了各种可能的生活方式：有性生殖和无性生殖；共生和捕食；再生，甚至是一些生物学家所谓的"永生"。栉板动物，又称栉水母，尽管看上去与水母十分相似，但事实上它们是一个独立的门——栉板动物门，或称栉水母动物门，有着完全不同的形态和生活史特征。刺胞动物和栉板动物看似脆弱却是适应环境的高手，历经地球的五次大灭绝，存活并进化至今。在现代海洋中，鱼类和哺乳动物正在迅速减少，而这些胶质捕食者似乎在不断增殖甚至最终占据优势地位。

5亿~2亿年前：生命的爆发和灭亡

在地球的生命进化史中，生命大爆发和大灭绝交替发生。甚至在寒武纪前，即超过5.4亿年前，现存几乎所有的动物门都已经出现了。之后，在进化史上相对较短的一段时间内，"寒武纪大爆发"见证了软体动物、节肢动物、棘皮动物和环节动物在海洋中的扩张和多样化。脊椎动物的祖先也出现在寒武纪。动物虽起源于海洋，却逐渐占领了陆地。距今约5亿年前，动物开始从海洋向陆地迁徙，但这一时间点由于新证据的发现而不断向前推移。从海洋爬向陆地的迁徙大军中有许多类动物，如线虫动物和节肢动物的祖先，它们很可能是以海洋碎屑、菌膜、地衣或植物为食。

在古老的动物类群中，刺胞动物和栉板动物是辐射对称的。相反，软体动物、节肢动物、棘皮动物和脊椎动物，包括它们的胚胎及幼虫，均为两侧对称。它们的身体分为前部和后部，有明显区分的头、尾巴、前胸、后背、左侧和右侧。它们大多有外壳、外骨架或内骨架。在大灭绝后残留在沉积物中的壳和骨架，形成了数百万的化石。

地球上海洋与生命的进化史

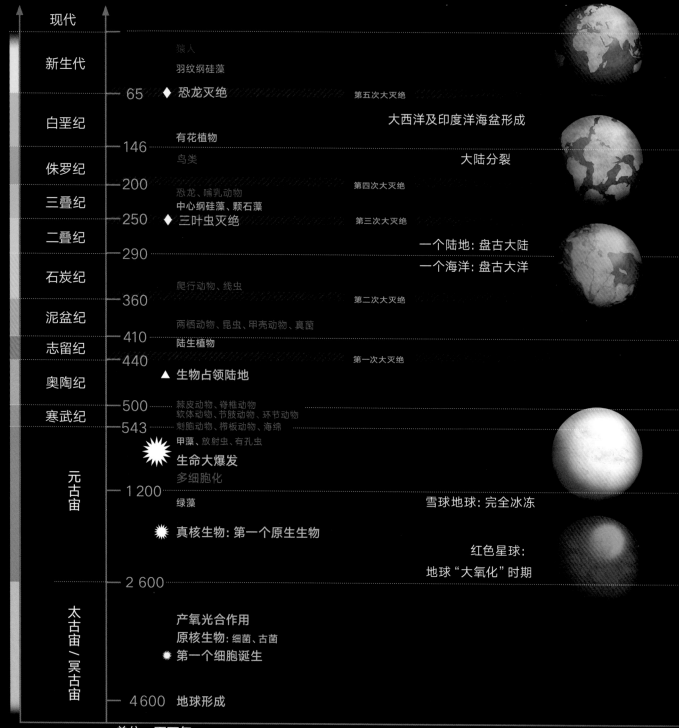

单位：百万年

地球及海洋约 46 亿年前形成。海洋生命的诞生，尤其是蓝藻的产氧光合作用对地球的进化产生了深远的影响，使地球经历了氧化期和冰川期。上图展示了地球进化史上的重要事件，包括：大陆和洋盆的出现；五次物种大灭绝（分别在 4.5 亿~4.4 亿年前，3.75 亿~3.6 亿年前，2.5 亿年前，2 亿年前及 6500 万年前）；地球生物主要历史事件：第一个真核细胞的出现、原生生物与多细胞生物的出现（元古宙期间）、大部分动物门的出现（寒武纪）、海洋生物占领陆地（奥陶纪）、三叶虫灭绝（二叠纪末期）及恐龙灭绝（白垩纪）。左侧纵轴采用了国际地质学家协会的地质年代颜色代码。

 第一个细胞诞生（35亿年前）　　生命的爆发（8亿~5亿年前）　　◆ 三叶虫灭绝（2.5亿年前）

真核生物诞生（20亿~15亿年前）　　生物占领陆地（7亿~5亿年前）　　◇ 恐龙灭绝（6500万年前）

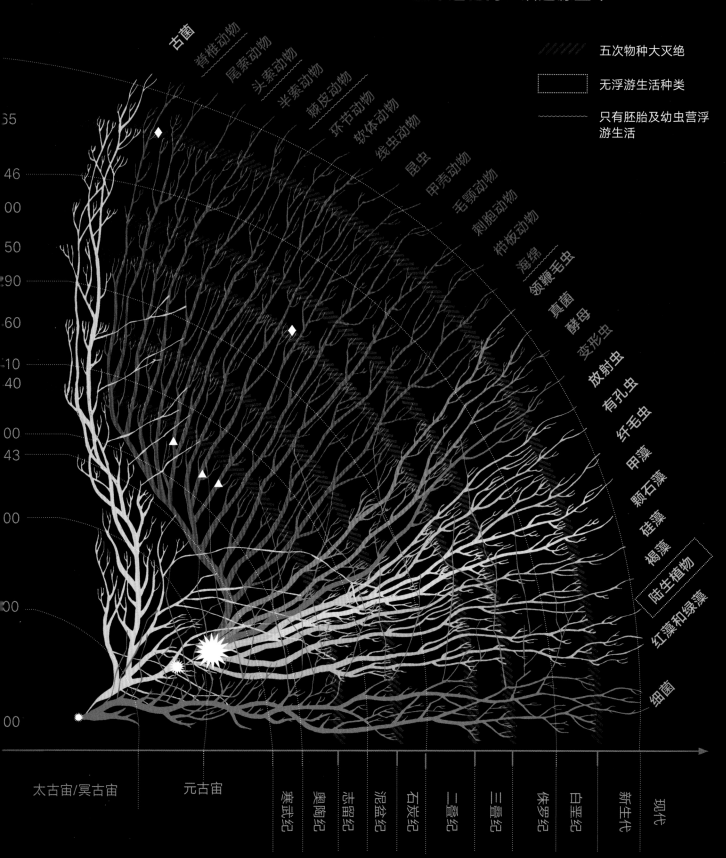

生命进化树：从起源至今

五次物种大灭绝

无浮游生活种类

只有胚胎及幼虫营浮
游生活

古菌
脊椎动物
尾索动物
头索动物
半索动物
棘皮动物
环节动物
软体动物
线虫动物
昆虫
甲壳动物
毛颚动物
刺胞动物
栉板动物
海绵
领鞭毛虫
真菌
酵母
变形虫
放射虫
有孔虫
纤毛虫
甲藻
颗石藻
硅藻
褐藻
陆生植物
红藻和绿藻
细菌

太古宙/冥古宙　元古宙　寒武纪　奥陶纪　志留纪　泥盆纪　石炭纪　二叠纪　三叠纪　侏罗纪　白垩纪　新生代　现代

这棵生命树看起来就像一个灌木丛。延伸至末端的分枝代表现存的生命形式，而中断了的分枝表示已经灭绝的类群，尤其是在五次物种
大灭绝时期。横向交叉的分枝代表细胞器及基因在细菌、古菌及真核生物间的交换。由于一些类群准确的分类及起源还未知或有争议，

6500万年前，恐龙灭绝

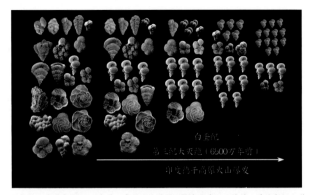

恐龙被认为是在6500万年前，由于巨大的陨石撞击地球而灭绝的。普林斯顿大学格尔达·凯勒及其团队通过对有孔虫化石的最新分析表明，在陨石撞击前，印度剧烈的火山喷发已经使一些有孔虫物种灭绝并导致个体变小。

来自陆地（火山和冰川）和外星（陨石）的灾难导致物种的大规模死亡，这些生物大灭绝成为地球进化史上尤为重要的标志性事件，最著名的莫过于大约6500万年前恐龙的灭绝。但正如许多有孔虫和硅藻微体化石所证实的那样，历史上也发生过浮游生物的物种灭绝。其中，最值得一提的是三叶虫化石。大约2.45亿年前，从寒武纪初到二叠纪末，有成千上万种三叶虫生活在海洋里。在诸如美国死亡之谷之类地势低洼的沙漠和喜马拉雅山脉，都曾发现三叶虫化石，表明这两处都是由海底沉积岩形成。化石发现地点差距巨大，让我们感受到板块运动的强烈程度，以及地质变化和地球进化的巨大时间尺度。今天，许多鱼类和海洋哺乳动物由于过度捕捞和污染正濒临灭绝。大气中二氧化碳浓度的升高，导致全球变暖、海洋酸化以及栖息地的破坏，越来越多的生物正面临生存威胁。许多人担心第六次大灭绝即将开始，而人类活动似乎正加速这一过程。

物种大灭绝对生物的演化产生了深远的影响，一次次改变着生命树的"形态"。伴随每一次大灭绝，这棵树都会失去一些分枝，但也会有一些物种存活下来并趋向多样化，形成新的分枝。例如，得益于恐龙灭绝，陆生哺乳动物长得更大并分化，一些幸存的浮游生物扩张到了新的生境——那些被先前的居住者遗弃之地。中心纲硅藻，在2亿年前逐步出现，经历了白垩纪末的大灭绝（6500万年前的恐龙灭绝）并存活下来。随后其他硅藻种类开始出现，例如羽纹纲硅藻——一类可以在固相表面附着并滑行的硅藻。从此，羽纹纲硅藻和中心纲硅藻开始分化，成为在寒冷、富含硅的极地水域尤为优势的物种。

2亿年前至今：新洋盆、大陆和物种

在数亿年的过程中，由于地球表面的板块运动，大陆、洋盆以及海洋几经形成和消失。尽管非常缓慢，但板块在持续运动。例如西地中海，形成于3500万年前南欧板块的断裂，由于非洲板块继续朝欧洲板块移动，它终有一天会消失。

我们今天所认识的洋盆和洋流形成于大约2亿年前。在那个时候，只有一个超级大陆——盘古大陆和一片巨大的孤立的海洋——盘古大洋。这是由于地球上大片陆地缓慢聚集而形成。盘古大陆开始分裂为许多块，形成我们今天的大陆，盘古大洋将它们分开。美洲板块和欧亚板块渐渐分开后，于1.8亿年前逐渐形成现在的大西洋洋盆。巨大的洋流和涡流慢慢形成，划分出多个海域。每个海域均有独特的动力学特征并有代表生命树各个类群的栖息物种。尤其值得一提的是，除了陆生植物，几乎所有的主要生物门，其成体或幼虫部分或终生营浮游生活的。

分类及系统发生：阶元分类系统

十八世纪，瑞典自然学家卡尔·林奈创造了一套生物的分类及命名系统。随着生物学家和古生物学家发现并描述现存和化石中的新种，进一步认识生物生理和亲缘关系，林奈的分类及标准已经发生了改变。但是林奈体系一直沿用至今。生物按照阶元分为：域、界、门、纲、目、科、属、种。其中，域是最高的分类阶元，有细菌、古菌和真核生物三个主要的域，有的人将病毒列为第四个域。我们通常说的植物、动物和真菌指的是真核生物域中的界。在动物界中，主要的门包括节肢动物、软体动物及脊椎动物等。依此类推至低的分类单元——属，每个属包含相近的种。

据估计，地球上大约有1000万种真核生物，大部分未被命名，其中很大一部分是陆生昆虫。已知的海洋真核生物大约有226,000种，其中至少超过100万种被认为是部分或终生营浮游生活。显然，还有很多等待我们去发现！

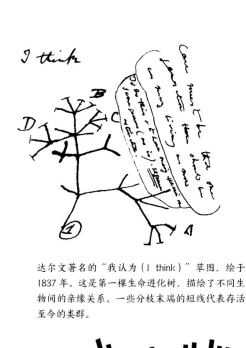

达尔文著名的"我认为（I think）"草图，绘于1837年。这是第一棵生命进化树，描绘了不同生物间的亲缘关系。一些分枝末端的短线代表存活至今的类群。

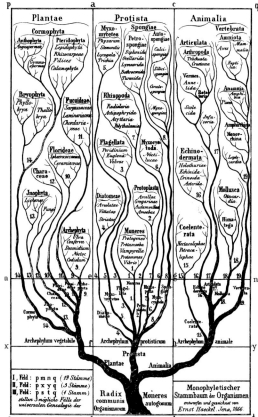

恩斯特·海克尔绘制并发表了许多生命进化树。1866年发表的这幅图区分了植物、原生生物和动物。

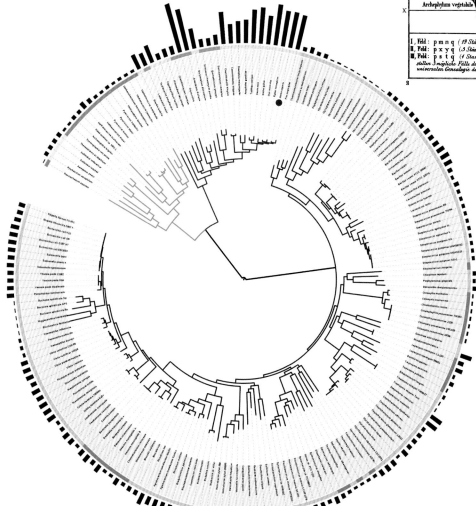

基于已知全基因组序列的物种描绘的生命进化树，包括了三个主要的生物域：细菌、古菌及真核生物。
- 蓝色分枝＝细菌
- 绿色分枝＝古菌
- 红色分枝＝真核生物
- 红点＝人类
- 蓝色柱状图＝相对基因组大小

左图由软件"交互式生命树（iTOL）"绘制，由位于德国海德堡的欧洲分子生物学实验室提供。

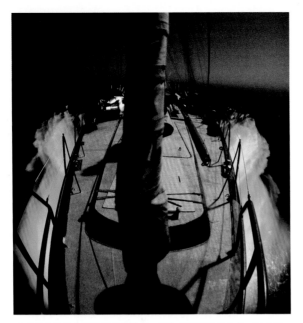

当发光生物的丰度特别高的时候，海水呈现明亮的荧光。图中所示为甲藻爆发并受到行船扰动时产生的荧光。摄于"塔拉"号帆船行驶在印度洋海域。朱利恩·吉拉尔多 摄

但是，物种的概念正在逐步淡化。一类生物能够产生有繁殖能力的后代，我们就将其定义为一个种。我们还必须考虑到"隐种"，即那些外形极其相似但相互之间存在生殖隔离的种类，以及大量为重新适应新环境而出现的各类细菌和原生生物。

1837年，达尔文在他的笔记本上画下了第一棵"生命之树"，现在被称作系统发生树。系统发生学研究的是生物间的亲缘关系。这个词来源于希腊语的 *phulé*，意为"部落"。第13页的系统发生树看起来更像一把刷子或茂密的灌木丛，力图展示地球历史上出现过的主要生物类群。那些延伸到顶端的分枝代表已经沿袭至今的类群，那些短小的分枝代表已经灭绝的类群，可能是在竞争中被淘汰或由于环境变化导致灭绝。水平的分枝代表在细菌、古菌、原生生物甚至一些高等真核生物间的细胞器或基因转移。

传统上，系统分类是基于现存生物或化石的形态及生活史特征。如今，通过计算机分析基因及蛋白质序列，我们可获得对不同生物间的亲缘关系和进化过程更准确的定量认识。我们可以得知不同的门、纲、目分化的时间和方式，并估算出两个种何时从它们共同的祖先中分化出来。例如，在大约5亿多年前，经过进化，节肢动物门已有50000多种甲壳动物和上百万种昆虫。大约同时期，软体动物分化出10万种腹足类动物，如：蜗牛、蛞蝓（俗称鼻涕虫）和翼足类动物，700多种头足类动物，如：乌贼、章鱼和鹦鹉螺。

在这本书里，我们会用到生物的俗名及拉丁文学名。

以人为例，不论来源和肤色，所有现代人的属名和种名均相同，为 *Homo sapiens*，来自拉丁语"智慧的人"，中文学名"智人"。智人、直立人、尼安德特人以及其他进化过程中曾出现但已灭绝的人种，组成了原始人科。最古老的原始人化石在非洲发现，距今已有1300万年。原始人科属于灵长目动物，出现于约5500万年前。灵长目动物属于哺乳动物纲，大约一亿年前，板块运动开始将美洲和非洲大陆分开之时，它们开始统治陆地。哺乳动物属于脊索动物门，出现在大约5.3亿年前。

浮游生物的分类使用相同的方法。例如，夜光游水母（*Pelagia noctiluca*）漂流在地中海和大西洋沿岸，它是会蜇人的水母。不同种的游水母均属于刺胞动物门钵水母纲游水母科。刺胞动物门和脊索动物门（包括我们人类）均属于真核生物域的动物界，或称后生动物界。因此，人类和水母来源于共同的祖先，而且人类继承了来自这一原始动物的基因。

有时不同的种看起来十分相似，分类学家或系统生物学家必须要通过解剖或分子生物学分析来区分它们。在这本书里，当我们无法确定拍摄的种类时，采用其"属名 sp."的形式（例如：人类为 *Homo* sp.，游水母为 *Pelagia* sp.）。

不同大小的生物具有不同的角色和行为

采集样品并研究浮游生态系统并非易事。浮游生态系统包含了数量极为庞大的生物群体，个体大小从小于1微米到几十米不等，差别超过1000万倍。最小的生物是病毒，其次是细菌和古菌。最大的生物是群居的线状刺胞动物——管水母，如不定帕腊水母（*Praya dubia*），当它伸展开触手时，可长达50米。

即使是同一类生物，个体大小差异很大。例如，发状霞水母（*Cyanea capillata*），又名巨型狮鬃水母，直径可超过2米，而半球美螅水母（*Clytia hemispherica*）很少能超过2厘米。而相比于许多在显微镜下才能看到的水母种类，美螅水母已经算是个大个头了。尽管放射虫是单细胞原生生物，一些种类大小可以达到1毫米至若干毫米，比许多多细胞动物的胚胎或幼虫要大。然而，还有很多原生生物只有1微米左右，仅仅比大多数细菌大一点而已。地球上数量最多的单细胞生物——原绿球藻，就是这么大。但是，在浮游生物网上用肉眼往往就能看到丝状细菌。

左：塔拉海洋科考中拖网采集浮游动物　　　　　　右上：筛绢孔径为 180 微米的浮游生物网
右下：孔径为 20 微米和 120 微米的筛绢以及一个火柴头　　左图及右上图为安娜·迪尼奥德·加西亚 摄

塔拉海洋科考于 2011 年 5 月在厄瓜多尔与加拉帕戈斯群岛之间的沿岸地区采集并观察浮游动物　　克里斯托弗·格里克 摄

浮游生态系统中的每种生物适应了它的生境并发挥着特定的生态作用，不同的生物常常因具有相似的功能而成为"功能群"。以进行光合作用的原生生物为例，如绿藻、颗石藻、甲藻和硅藻，它们都吸收二氧化碳，制造氧气和生命物质。这些浮游植物与陆地生态系统里的植物一样，都是"初级生产者"。它们被其他原生生物（如放射虫和有孔虫）、浮游动物以及其他动物幼虫捕食。桡足类和其他甲壳动物都是藻类和原生生物的捕食者。纽鳃樽、海樽和火体虫通过大量滤水活跃地捕食细菌和藻类。甲壳动物、软体动物和鱼类是食物链上较高的营养级，大量捕食桡足类、幼虫和其他浮游生物。

迥然不同的浮游生物进化出相似的生存策略，不仅是为了捕食，也为了生长和寻找住所。腹足类软体动物、原生生物（如有孔虫和颗石藻）、棘皮动物（如海胆和海星）和珊瑚，都利用海洋中的钙来形成外壳和骨架。海洋富含钙质，但是硅和锶的浓度相对低。这使得硅藻、放射虫和硅鞭藻等依靠硅氧化物和锶氧化物形成外壳和骨架的生物生长受到限制。

许多浮游生物是透明的，其中，胶质动物含水量高达 95%。刺胞动物、栉板动物、软体动物和被囊动物的胶质膜是一个由蛋白质和大分子糖类组成的疏松网状结构。被囊动物利用糖类聚合物——纤维素形成它们的外层，或称被囊。可能是由于基因转移，被囊动物从光合生物获得了这一特征。被囊有时会被鱼或海龟吃掉，但是往往会被一类特殊的甲壳动物——端足类回收利用。不同种的端足类通常有各自最喜欢的食物（如水母，纽鳃樽或火体虫）。有些端足类，如慎蛾（*Phronima*），胶质囊是它们子代的庇护。

浮游生物的采集与鉴定：过去和现在

从古至今，浮游生物一直是人类文化中的一部分，它们以各种形式出现在我们生活中：画着水母的古董花瓶，法国南部蔚蓝海岸一带餐馆的鱼籽酱。在十八世纪末和十九世纪初，第一台显微镜揭示了肉眼不可见的微观世界，让我们看到了微生物、极小的动物以及原生生物，也就是如今我们所说的浮游生物。十九世纪的头十年间，动物学家弗朗索瓦·贝隆和插画家查尔斯·亚历山大·勒萨埃尔描述了法国滨海自由城海湾的胶质动物。1831 年到 1836 年间，达尔文随"比格尔"号环球航行，拖网采集了微型生物。大约在 1887 年，德国动物学家

维克多·亨森把随波漂流的生物称为浮游生物，这一名字沿用至今。

受达尔文自然选择及生物进化理论的启发，恩斯特·海克尔和卡尔·沃格特等动物学家开始在近岸及远洋考察，采集、描述并分类鉴定新物种。欧洲、美洲和日本的大学，以及新兴的海洋观测站开始组织调查研究。在孔卡诺、那不勒斯、普利茅斯、罗斯科夫、巴纽尔斯、滨海自由城，以及拉霍亚、伍兹霍尔、帕西菲克格罗夫和三崎等，这些野外观测站揭开了海洋世界的神秘面纱。第一批海洋科学考察，包括"挑战者"号海洋科考（1872—1876 年），推动了采样技术的发展并描述了许多种类。通过应用海洋科考船、卫星观测、自动浮标记录和能进行深海漫步的远程控制机器人等新设备及新技术，人类对海洋的探索一直沿续至今。

如今，水下照相机拍摄、自动显微成像分析以及基于分子生物学、基因组学对基因序列及其相互关系的解析，这些新技术获取的信息相互补充。我们开始分析整个浮游生态系统、生物间错综复杂的关联及相互作用。利用这些新手段，在"挑战者"号海洋考察 140 年后，塔拉海洋科考在 3 年内横跨世界各大洋，从 200 多个站位采集了 35000 个生物样本，涵盖了从病毒、鱼类幼虫到大型胶质动物。积累的大量数据将会用于建立各类海洋模型，以了解并预测气候、生态系统的变化以及海洋生物的进化。

浮游生物展示了极为丰富的形态及行为的多样性。本书中的照片摄于塔拉海洋科考期间，跨越地中海、印度洋、太平洋、大西洋、南极洲及北冰洋，利用各式各样的相机、物镜、放大镜及显微镜拍摄而成。部分样品的采集及拍摄是在欧洲、美国及日本的海洋观测站完成，得到了当地生物学家和个人的大力协助。除了拍摄静态图片，该项目的另一个主要目标是用视频捕捉并记录这些生物特殊的运动及习性。

我们同步建立了网站"浮游生物志"，读者可以通过扫描本书中的二维码直接访问。网站上展示的视频及照片体现了科学与艺术的结合，将带领读者深入探寻奇妙的浮游生物世界。

恩斯特·海克尔在其于1862年出版的著作《放射虫》中手绘的不同种类的放射虫，至今仍是科学及艺术领域重要的参考资料。

1-2: *Lipthopetera mulleri*；

3-6: 星石虫属的三个种类 *Astrolithium dicopum*, *A. bifidum*, *A. crutiatum*；

7-8: 束杆双锥虫（*Diploconus fasces*）。

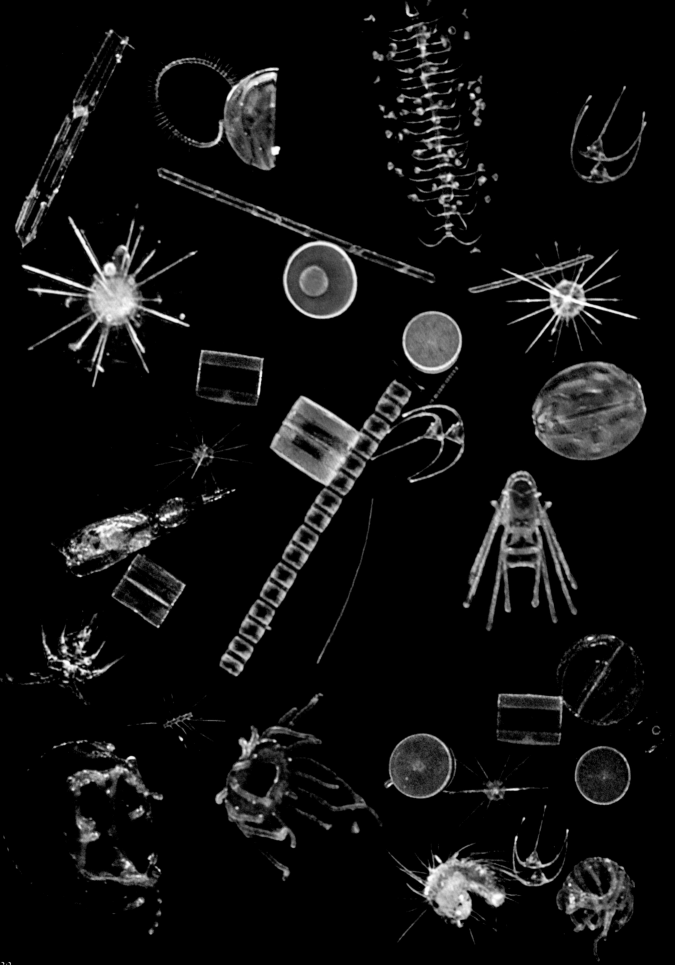

世界各地的浮游生物

任何水域，不论淡水、半咸水或咸水，热带或寒带，酸性或碱性，都有单细胞及多细胞浮游生物的生存空间。淡水及海洋生态系统——河流、湖泊、大洋、近海、河口以及冰川，都有其各自潮汐、季节和水流起伏的变化特征。生活在其中的浮游生物种群是如何动态变化的？这个问题一直神秘莫测。同一生态系统中不同类型的生物是如何在水体中等待适宜条件伺机占领生境的？生态系统的组成和环境因子（温度、盐度、氧气、酸度、矿物质及营养盐）间的关系是怎样的？来来往往的大型捕食者在生态系统中的作用是什么？为什么共生及寄生现象这么普遍？

大学、研究所及海洋观测站被调动起来去寻找这些问题的答案。海洋浮标和无人航行器在海中漫游并监测；卫星不间断观测海洋以追踪浮游生物的爆发及鱼群的走向。近年来，基因及显微影像分析开始揭示各个生态系统的生物组成、丰度，以及它们如何共同发挥作用。研究人员发起并参与各类大型合作项目，例如，海洋生物普查及海洋生态系统生物量数据库。从一个世纪前的英国皇家海军舰艇"挑战者"号，到现如今的全球海洋采样及塔拉海洋科考，科学家们不断努力，已经在世界范围内采集了数以万计的样本。研究团队通过分析浮游生物，测量环境参数，建立模型并模拟各个海域生物多样性及水体动力，从而描绘出整个生态系统。

为创作这本书，我们采集、鉴定并拍摄了世界各地的浮游生物。我们利用"塔拉"号帆船上的网具及采样瓶，在地中海、印度洋、太平洋、大西洋、南极洲及北冰洋洋盆中采集生物。我们与当地的同事及朋友们一起，在法国滨海自由城、土伦、罗斯科夫、日本下田及菅岛的海湾，以及美国南卡罗来纳的湿地进行了调查研究。这一章将介绍我们的考察经历和这些水域的生物多样性。

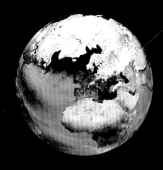

法国滨海自由城：
以浮游生物闻名的海湾

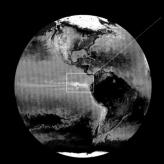

厄瓜多尔与加拉帕戈斯：
塔拉海洋科考

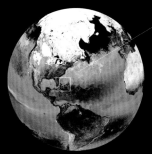

美国南卡罗来纳：
河口盐沼

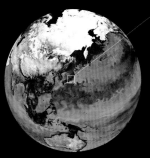

日本伊豆半岛和下田：
秋季的浮游生物

这些计算机模拟图展示了在采样季节全球不同海域浮游植物的优势类群。

计算机模拟：麻省理工学院 ECCO$_2$-达尔文计划

- 红色和黄色：硅藻及其他个体较大的浮游植物。
- 绿色和蓝色：以原绿球藻和聚球藻为代表的蓝细菌——以及其他个体较小的浮游植物

计算机模拟：麻省理工学院 ECCO$_2$-达尔文计划

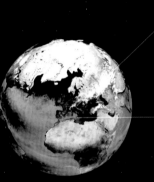

蓝细菌（绿色）是冬季
浮游植物优势类群。

法国滨海自由城

以浮游生物闻名的海湾

在这片地中海海域中，海水通常呈现青绿色或蓝色。法国里维埃拉地区，又称蔚蓝海岸，东起意大利边境和阿尔卑斯山南麓，穿过滨海自由城、尼斯、戛纳并一路延伸至圣特罗佩。由于临近自东向西流淌的利古里亚洋流，沿岸及滨海自由城海湾内表层浮游生物的分布也受到影响。随着季节及气候变化，浮游植物种群也相应变化。一些生物从海洋深处上升并停留在海湾内。

滨海自由城海洋站建于 1882 年，在海湾入口设立了一个参考站位 B 点，调查船每天在该站位采集浮游生物，带回观测站进行鉴定、研究并保存。这一站位位于深谷尽头，是一些浮游生物种类繁育后代的温床。

19 世纪早期，动物学家弗朗索瓦·贝隆与插画家查尔斯·亚历山大·勒萨埃尔合作，首次描绘了滨海自由城海湾的浮游生物。让·巴普蒂斯特·维拉内和卡尔·沃格特在 19 世纪 50 年代再次发现并研究了海湾里的胶质浮游生物。30 年后，当时刚发现受精作用的赫尔曼·福尔与青年教授朱尔斯·巴鲁瓦受到达尔文和沃格特的鼓舞，共同成立了第一个实验室。之后，来自俄罗斯的亚历克西斯·考特尼斯和他的同事们也加入进来，一起在滨海自由城动物观测站接待了许多杰出的生物学家。

这个研究站现已发展成为胚胎、幼虫及其他浮游生物研究领域的领头羊。两百多位研究人员、教师及学生在这一世界领先水平的实验室工作，现更名为滨海自由城海洋观测站，隶属国家科学研究中心和皮埃尔和玛丽·居里大学。在这里，来自加拿大蒙特利尔派拉电影工作室的谢里夫·莫沙克、诺埃·萨尔代，还有我本人，为"浮游生物志"计划拍摄了浮游生物视频和照片。

冬季采自法国滨海自由城海湾的浮游生物（网具筛绢孔径：0.2 毫米）。这里展示的最长的生物为翼足类软体动物，长约 7 毫米。

1. 软体动物幼虫
2. 原生生物：放射虫
3. 甲壳动物：挂卵桡足类
4. 环节动物幼虫
5. 原生生物：甲藻
6. 原生生物：有孔虫
7，8. 甲壳动物幼虫
9. 栉水母幼虫
10. 棘皮动物幼虫
11. 软体动物：翼足类
12. 软体动物：异足类
13. 绿藻

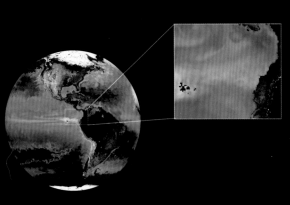

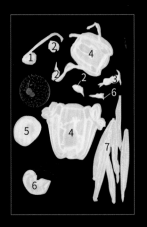

蓝细菌（绿色）和较大的原生浮游植物（黄色）是春季的优势类群。

春季在"塔拉"号帆船上采集的浮游生物（网具筛绢孔径：0.2 毫米）。水母个体大小约为 5 毫米。

1. 有尾类
2. 甲壳动物：桡足类
3. 甲壳动物：挂卵桡足类
4. 刺胞动物：水母
5. 软体动物幼虫
6. 甲壳动物：端足类和桡足类
7. 毛颚动物

厄瓜多尔与加拉帕戈斯之间

塔拉海洋科考

　　塔拉海洋科考航程覆盖世界各个海域，时间长达 30 个月。2011 年 5 月，恰逢科考航程过半，科考队离开厄瓜多尔的瓜亚斯河三角洲，前往位于厄瓜多尔海岸与加拉帕戈斯群岛之间的水域。赤道暖流与来自南部的寒流在这片水域交汇，因此浮游生物丰度特别高。

　　这片水域物种十分丰富。通过表层拖网和深层采样，我们发现了大量奇特的原生生物，尤其是有孔虫和放射虫——以及不计其数的幼虫。这一水域出现的大型捕食者尤为引人注目。潜水员在现场拍摄到，网具上满是发光的栉水母碎片，尤其是被称为"维纳斯飘带"的带水母、瓜水母和纽鳃樽。

　　在这个海域的一次采样让我们尤为兴奋。那天晚上，我们先是用长线钓到了大鱿鱼。然后用浮游生物网采到了一些奇怪的生物：浮游的海参和像长筒袜一样的胶质生物。当史蒂芬妮·派森特和苏菲·玛丽尼斯克把长筒袜一样的生物排列在采样台上，首席科学家加比·戈斯基无比兴奋。这些是被囊动物，叫作火体虫，每一条"长筒袜"都是由成千上万个个体组成，它们生活在一起，形成一个生物群体，滤食细菌和藻类。

夏季浮游植物的优势类群是一类蓝细菌——聚球藻（蓝色）和较大的原生浮游植物（黄色）。

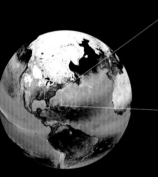
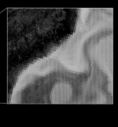

夏季采自沼泽溪的浮游生物（网具筛绢孔径：0.36毫米）。
图中的桡足类约为2毫米长。
1. 螃蟹幼虫
2. 甲壳动物：桡足类
3. 虾幼虫
4. 甲壳动物：挂卵桡足类

美国南卡罗来纳

河口盐沼

　　南卡罗来纳州大片的盐沼从希尔顿黑德岛南部的萨凡纳河三角洲，一直延伸至美特尔海滩北部的利特尔里弗湾。潮沟蜿蜒，穿过泥泞的河岸及大片的米草地，最后在湾内汇聚，诸多沙质堰洲岛将其与大西洋隔离。在过去的30年中，南卡罗来纳大学巴鲁克海洋与近岸研究所的研究人员一直在观察和监测比邻乔治城的温约湾中的浮游生物。

　　我有幸拜访了该研究所的所长丹尼斯·艾伦，并与他一同工作。丹尼斯是研究湿地及湿地生物的专家，著有《大西洋及墨西哥湾浮游动物》图集。在若干个炎热的夏日，我们从北部湾河口的主要盐沼中采集生物。在过去10年里，丹尼斯每周都在此采样。

　　在实验室里，我们观察到生活在沉积物中的特殊浮游动物，以及导致这片水域呈现棕色的植物碎屑。这里的浮游生物适应了潮汐变化和半咸水环境。正如所料，我们发现了大量的甲壳动物和环节动物的幼虫，这意味着在泥泞的湿地中必然普遍存在甲壳动物和环节动物的成体。这其中，有一大群招潮蟹幼虫，它是沼泽溪中最为优势的浮游生物种类。

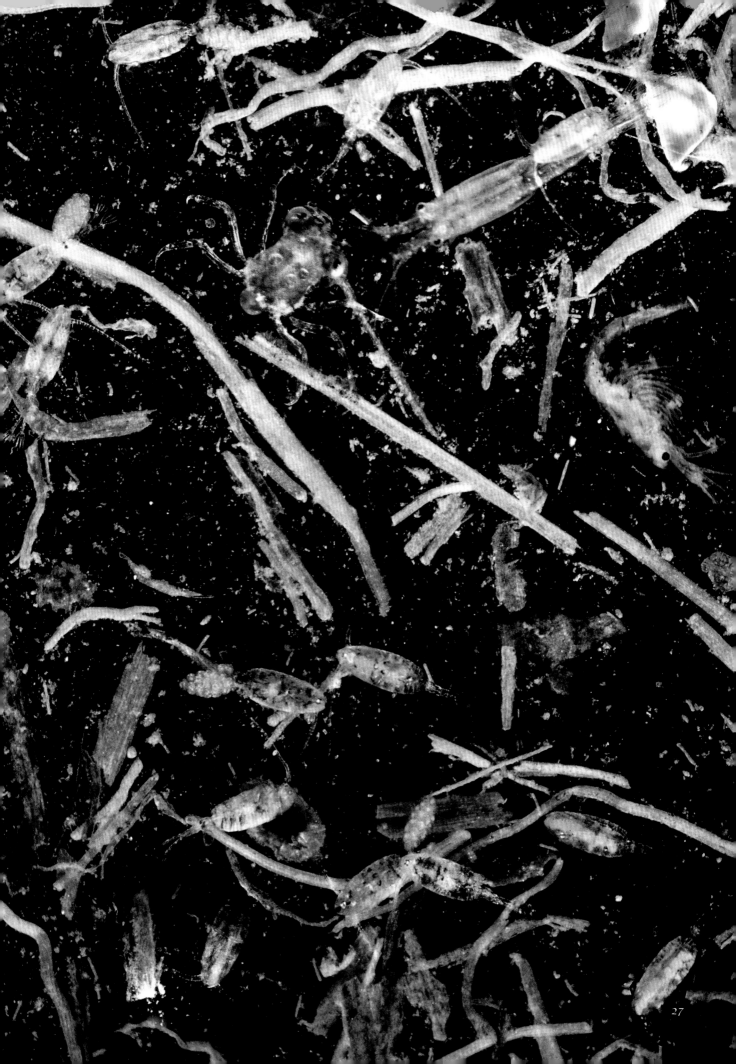

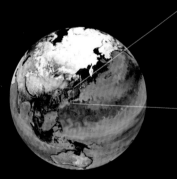
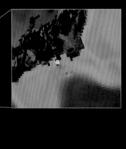

聚球藻（蓝色）是秋季浮游植物的优势类群。

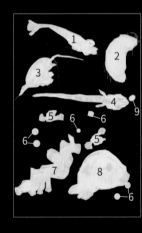

秋季采自下田湾的浮游生物（网具筛绢孔径：0.2 毫米）。图中最大的生物个体 5-7 毫米。

1. 甲壳动物：虾幼虫
2. 挂卵的多毛类环节动物
3. 甲壳动物：桡足类
4. 脊椎动物：仔鱼
5. 软体动物：翼足类幼体虫
6. 原生生物：硅藻
7. 环节动物：多毛类
8. 软体动物：翼足类
9. 甲壳动物：桡足类卵

日本伊豆半岛和下田

秋季的浮游生物

　　下田是一个小渔村，位于伊豆半岛南端，东京以南，距离东京约 3 小时车程。筑波大学海洋观测站就坐落在下田湾畔，被圆顶青山环绕。我有幸在这里工作多年，进行海洋生物卵及胚胎的研究。在 2012 年 11 月的一天，天色阴沉，我和我的朋友兼同事稻叶和夫搭载"筑波"号船采集浮游生物。在下田湾，尽管没有出现生物爆发性生长的情况，但是生物种类繁多。它们是如此美丽，如此多样，使我拍摄及录像的热情高涨，在安静的实验室内彻夜工作直至天亮。第二天，筑波大学的同事们围绕在水族箱周围，研究员和学生们参考图谱，找到了所有我拍摄的生物名称，并探讨了它们的行为特点。

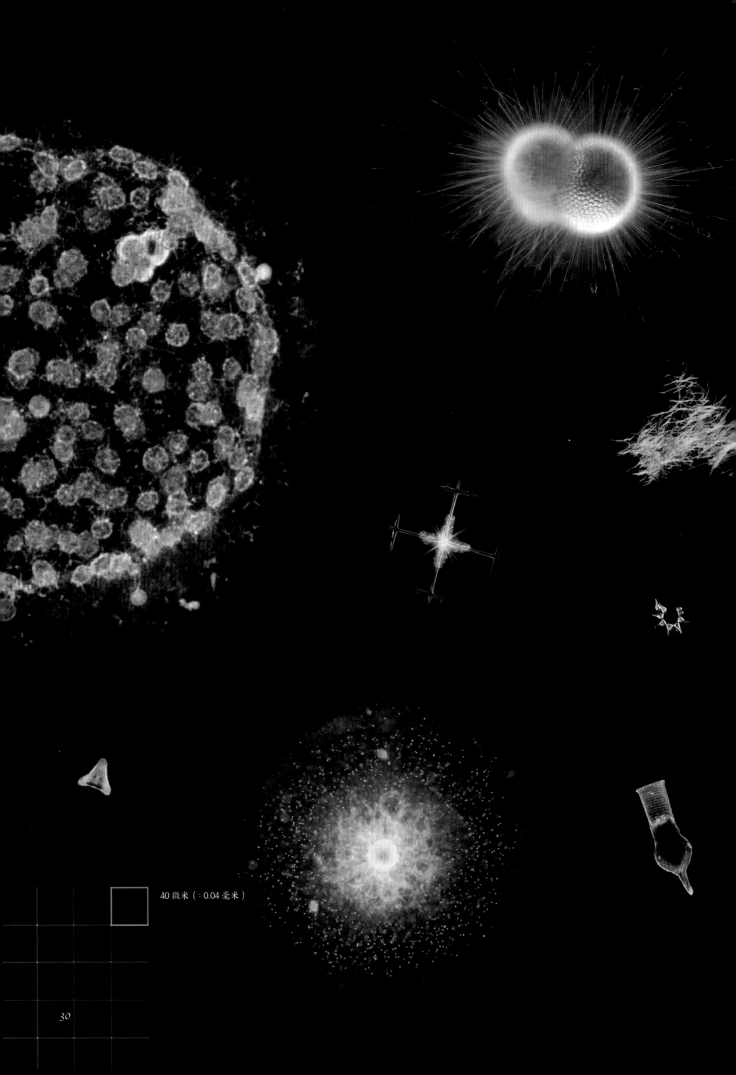

40 微米（= 0.04 毫米）

单细胞生物

生命的起源

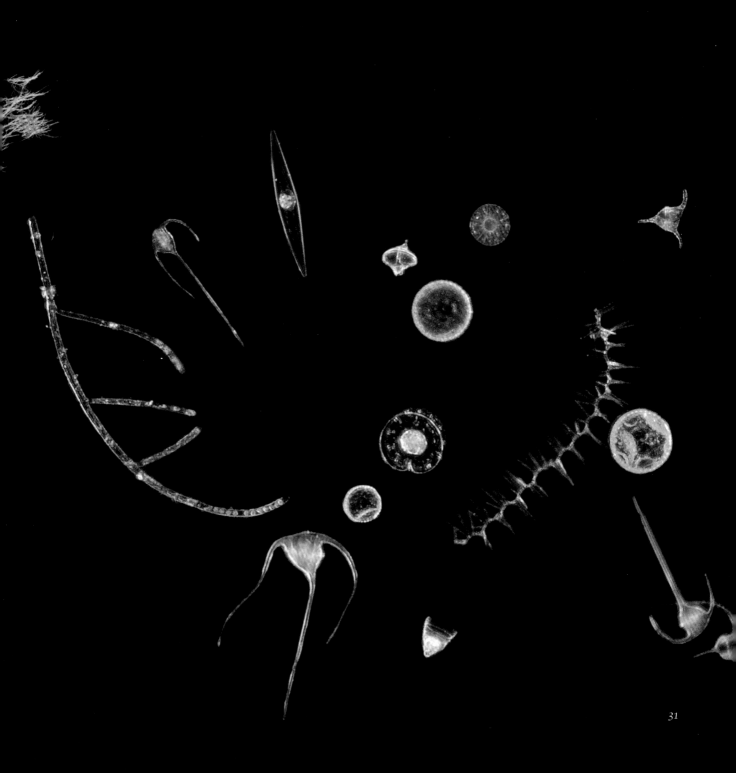

细菌、古菌和病毒

肉眼虽不可见却无处不在

细菌、古菌以及侵袭它们的病毒（噬菌体）在海洋中无处不在。从海水表面到海底的沉积物，它们以自生、共生或寄生等多种形式，广泛分布于海洋的各类生境中。细菌和古菌是原核生物，没有细胞核和细胞器，在浮游生物的肠道、粪便及尸体中数量尤其多。它们的个体大小差异很大。单个细菌的菌体最大 1~2 微米，但细菌群聚形成菌膜和菌丝时，可达到几毫米甚至更大。

不论在生产力极低的海洋"沙漠"还是生物多样性极高的海域，每升海水中的细菌数量都可达到数百万到数十亿个。细菌和古菌表面有细长而弯曲的丝状附属物——鞭毛，具有运动功能，使得它们能够持续转动并在微观世界里不断探索，感应光、金属、营养盐，以及其他生物释放的化学信号。

原始的细菌和古菌很有可能是最早聚居在海洋中的生物。20 多亿年前，就出现了原始的单细胞生物，它们依靠氧化金属释放的能量和太阳能生存。最终，细菌和古菌的共生体进化为含有细胞核和细胞器的真核细胞，也就是如今原生生物和所有动、植物的祖先。

早期的细菌和古菌对地球和大气环境产生了决定性的影响。在年轻的地球上，蓝细菌通过光合作用制造氧气。氧气逐步在大气中积累，在 8 亿多年前形成了适合有氧呼吸生物生存的环境。地球上氧、碳、氮等元素循环，继续依赖于数量庞大的大量细菌的活动。

细菌和古菌能够快速分裂并交换基因，因此能迅速适应新环境。它们善于利用各种污染物，例如，径流排放入海的富含氮、磷的化肥，海床释放、油轮或钻井平台泄漏的石油及天然气等。甚至在人类向海洋排放的塑料颗粒或合成纤维上，也可发现细菌大量聚集。

而细菌和古菌又不断被噬菌体感染并裂解，释放出的有机物和遗传物质被大规模地循环利用。同时，细菌和古菌也被原生生物吞食或被无数滤食生物捕食，如纽鳃樽、海樽、有尾类和火体虫。

一些浮游细菌对人类来说有害的。例如，霍乱弧菌（*Vibrio cholerae*），能以孢子的形式在桡足类和毛颚类等浮游生物中存活。浮游生物爆发时，会把霍乱菌传播给沿岸生活的人群。还有一些浮游细菌对人类是有益的。例如，钝顶螺旋藻（*Arthrospira platensis*），这是一种丝状蓝细菌（或称蓝藻），能够在热带湖泊中蓬勃生长。螺旋藻易人工培养，富含蛋白质、人体必需的氨基酸、维生素和矿物质，是营养不良人群重要的膳食补充品。

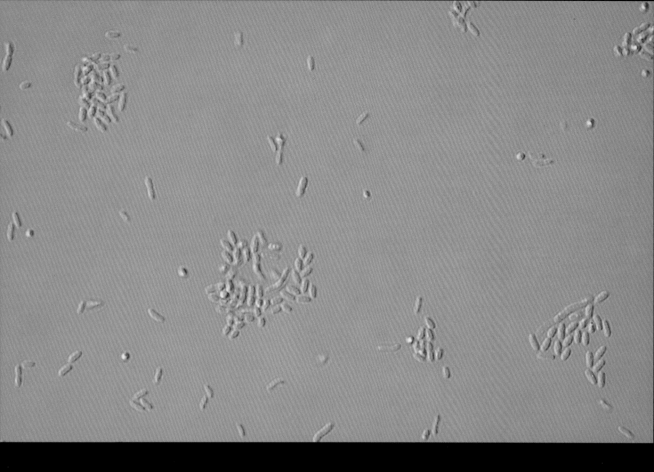

细菌、病毒和巨型病毒

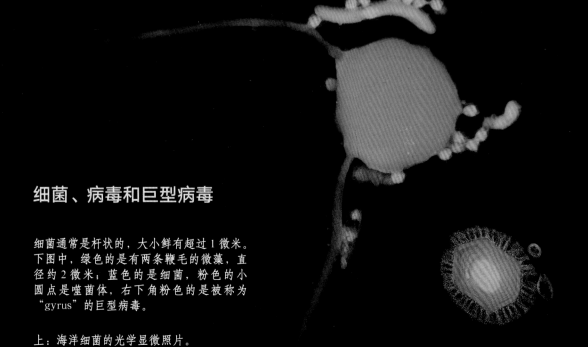

细菌通常是杆状的，大小鲜有超过 1 微米。
下图中，绿色的是有两条鞭毛的微藻，直
径约 2 微米；蓝色的是细菌，粉色的小
圆点是噬菌体，右下角粉色的是被称为
"gyrus" 的巨型病毒。

上：海洋细菌的光学显微照片。
下：电子显微照片。

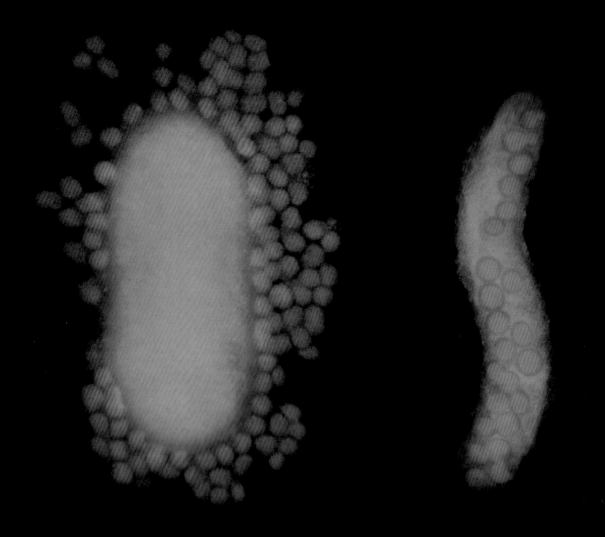

细菌及噬菌体的生活史

左上：小球状的噬菌体（粉色），即侵染细菌的病毒，包围着一个香肠形状的细菌（蓝色）。

右上：细菌内部的噬菌体将很快被释放出来并继续侵染其他细菌。噬菌体必须通过侵染细菌，实现自我复制，而细菌的生活史有时取决于其与噬菌体的相互作用。噬菌体参与有机物的循环和基因交换，促使细菌适应环境变化。

电子显微照片，马库斯·威鲍尔

右下：长度和尾部形态是不同种噬菌体的鉴别特征。它们利用如同注射器形的尾部将遗传物质注入到细菌中。

电子显微照片，马修·苏里文、詹尼佛·布鲁姆

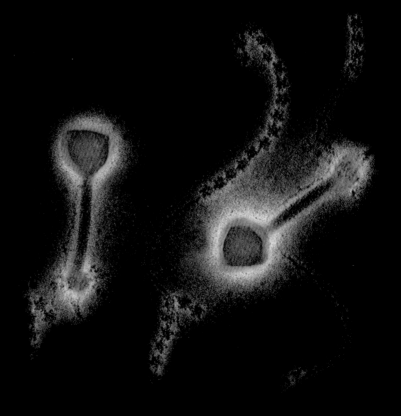

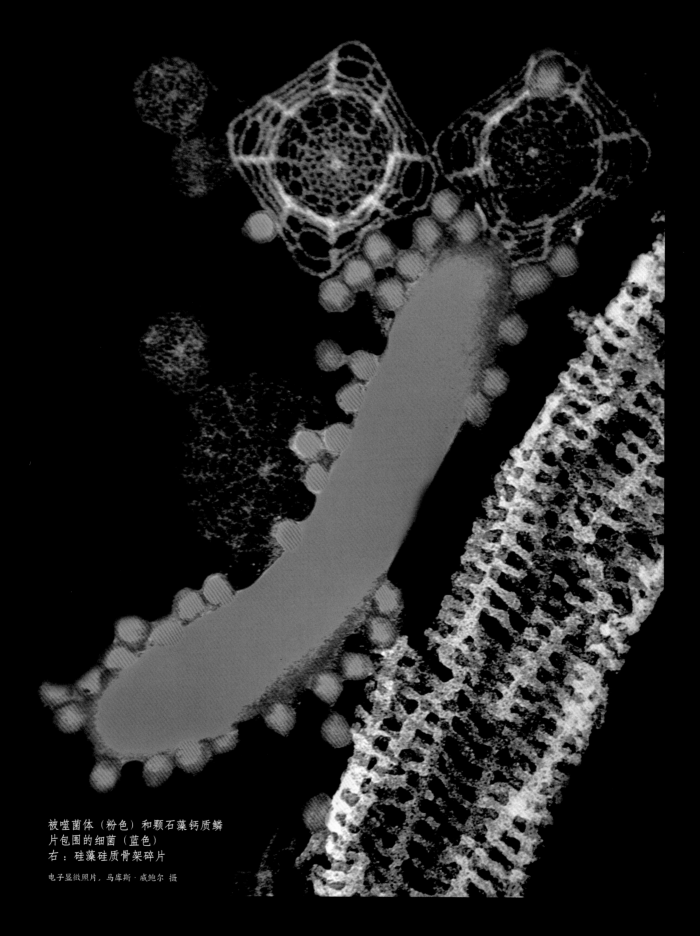

被噬菌体（粉色）和颗石藻钙质鳞
片包围的细菌（蓝色）
右：硅藻硅质骨架碎片

电子显微照片，马库斯·威鲍尔 摄

丝状细菌

束毛藻（*Trichodesmium* sp.）是一种蓝细菌，在温带可大量增殖导致海水变为金黄色。束毛藻通常被称作"海洋木屑"，藻丝形成束状群体，爆发时可覆盖大片海域。这种细菌能够吸收、固定空气中的氮气，并将其转化为生物可利用的成分，如硝酸盐或亚硝酸盐，因此，在全球氮循环中起着重要作用。据估计，海洋中约一半的固氮活动由束毛藻完成。

塔拉海洋科考期间，采自厄瓜多尔与加拉帕戈斯群岛之间的海域。

右上：另一种丝状细菌 *Roseofilum reptotaenium* 也是蓝细菌的一种，可以沿着附着物体表面滑行。它被称作"珊瑚杀手"，是珊瑚黑带病的病原体，可导致珊瑚礁大量死亡。

样本来自位于美国缅因州的比格罗实验室。

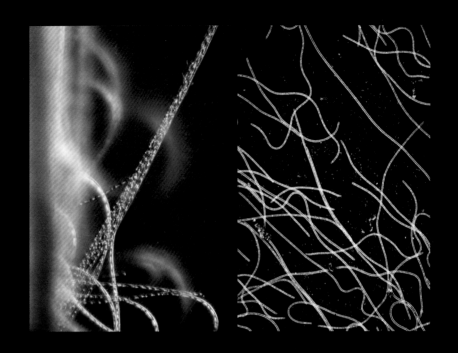

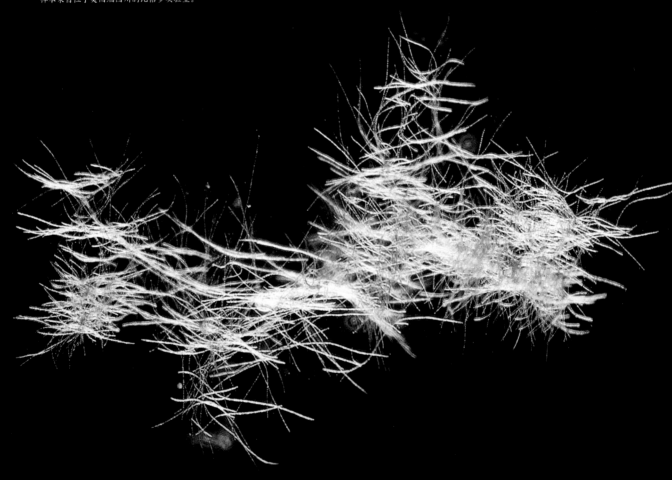

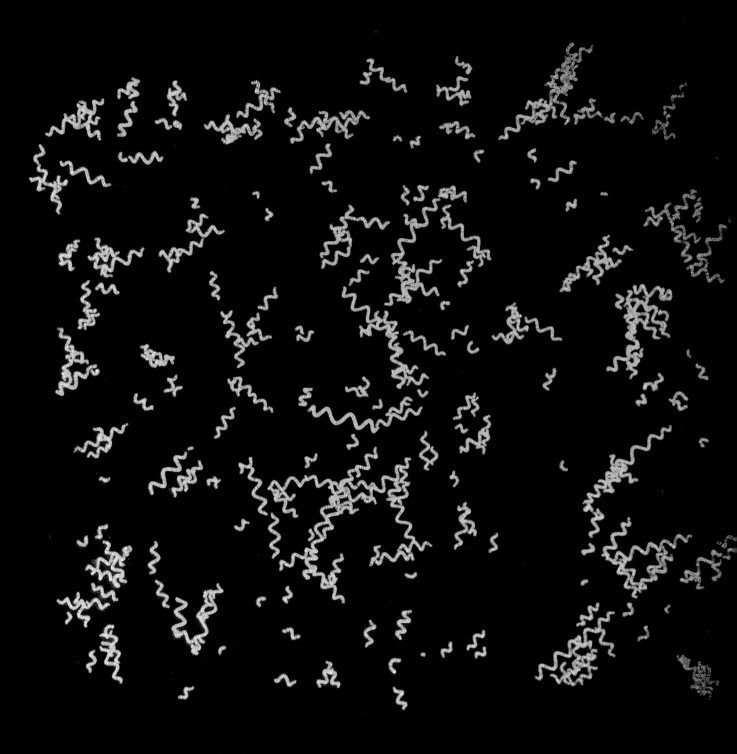

有益的螺旋藻

螺旋藻作为一种膳食补充品被人们所熟知，主要为螺旋藻属（*Arthrospira*）藻粉压缩成的黑绿色片剂。它能够在热带的淡水及咸水水域自然生长，且易于人工培养。螺旋藻富含维生素、抗氧化物及人体必需的所有氨基酸。

左：螺旋藻（*Arthrospira* sp.）丝状体放大图。它们的光合作用膜受光激发后发出红色荧光。

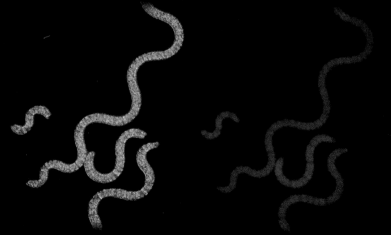

单细胞原生生物

动物和植物的先驱

与无细胞核和细胞器的细菌不同，原生生物具有一个或多个细胞核，也有细胞器，如叶绿体和线粒体。10亿多年前，细菌和古菌融合，逐步进化为如叶绿体和线粒体这样的胞内细胞器，原生生物便诞生了。原生生物属于真核生物——真核生物一词来自希腊语 eu（真实）和 karyon（细胞核）。细胞核包含携带遗传信息的染色体，其中包裹着 DNA。

尽管原生生物只是单细胞生物，却是我们的祖先。在8亿多年前，一些单细胞生物向多细胞化迈出了第一步，多细胞化是所有动植物的组织特征。尽管多细胞化被认为是通过多次独立进化形成的，我们并不知道哪些原生生物首先聚集在一起，可能是团藻（绿藻的祖先）或者领鞭虫（见第90页）。在很长的一段时间内，在一大群相同的原生生物中，某些细胞开始特化，预示着最初的动、植物组织开始形成。

大部分原生生物，如硅藻、甲藻、颗石藻、放射虫、纤毛虫和有孔虫，只有在显微镜下才能看到。但是一些有孔虫和放射虫种类个体相对较大，肉眼可见。这些大型的、单细胞原生生物有时甚至比小型浮游动物的幼虫还要大，尽管后者由数百万个小细胞组成。有些硅藻和甲藻的多个单细胞能形成长链，有些放射虫成百上千，甚至成千上万个细胞聚集在一起，生活在同一个胶质囊中。

原生生物结构多种多样，行为特征千差万别。目前已知的种类有数十万种，但是每年都有新的种类被发现。一些硅藻、甲藻和颗石藻能像植物一样，通过光合作用从阳光中获得能量，被称为浮游植物。而另一些原生生物则像动物一样，通过捕食其他生物获得能量，如细菌、幼虫和其他原生生物。但是，大部分原生生物能够利用多种能量来源并适应环境变化。为了生存，许多原生生物成为共生高手——不同生物间的共同协作的生活方式，各自提供一些生活必需品，互惠互利。

各种各样的原生生物

图的中间是一个放射虫群体——多个同种细胞共同生活在一个胶质囊内。它的周围是圆柱状的硅藻、甲藻以及叶状的有孔虫。
秋季采自日本鸟羽湾的浮游生物
（网具筛绢孔径：100微米）

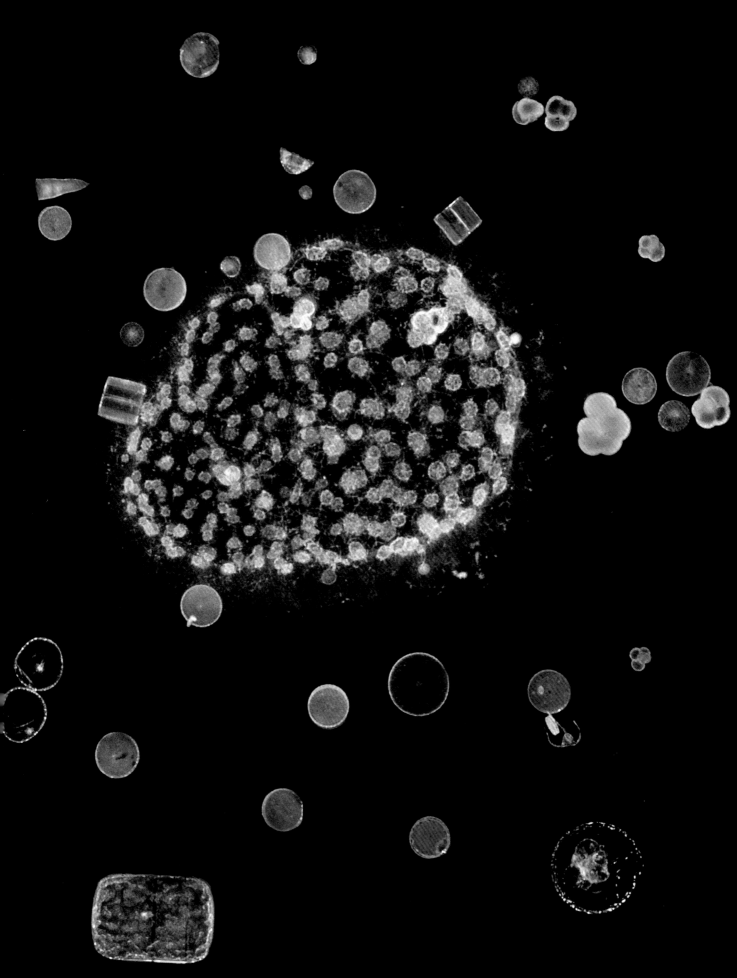

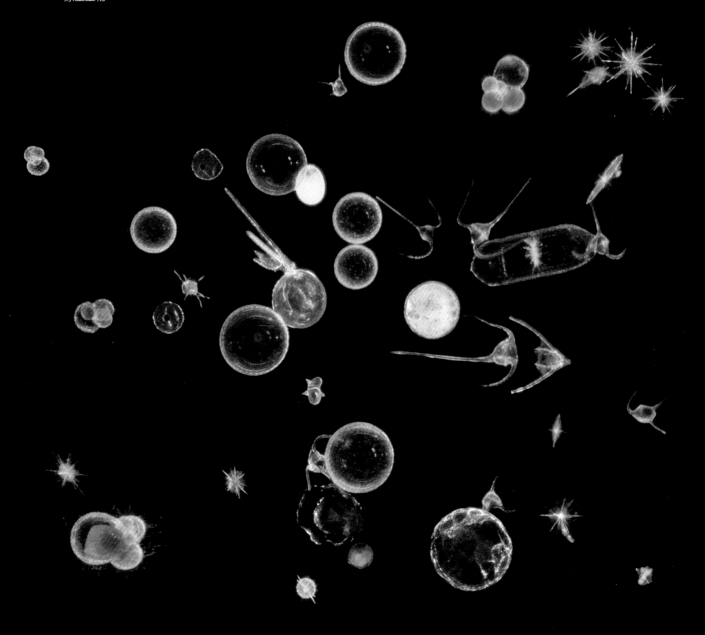

多种多样的形态：
猜猜它是谁？

我们利用筛绢孔径为 20 ～ 100 微米的网具采集浮游生物，并通过双目显微镜观察。我们可根据大小和形态区分不同的原生生物。你能通过右侧的轮廓识别出上图中的原生生物吗？

上图中包括：1 个砂壳纤毛虫，4 个有孔虫，14 个放射虫，12 个甲藻（包括连在一起的 3 对），15 个硅藻。那些较大的绿色球形是绿藻形成的群体。图中还能观察到一些大小相当的多细胞生物：1 个桡足类，3 个水母幼虫，1 个环节动物幼虫，1 个棘皮动物幼虫和 1 个桡足类胚囊。

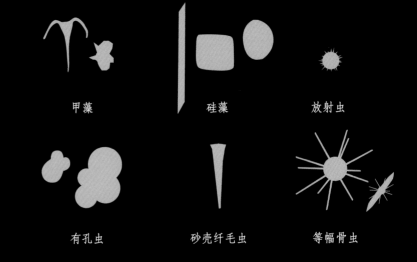

甲藻　　　　　硅藻　　　　　放射虫

有孔虫　　　　砂壳纤毛虫　　等幅骨虫

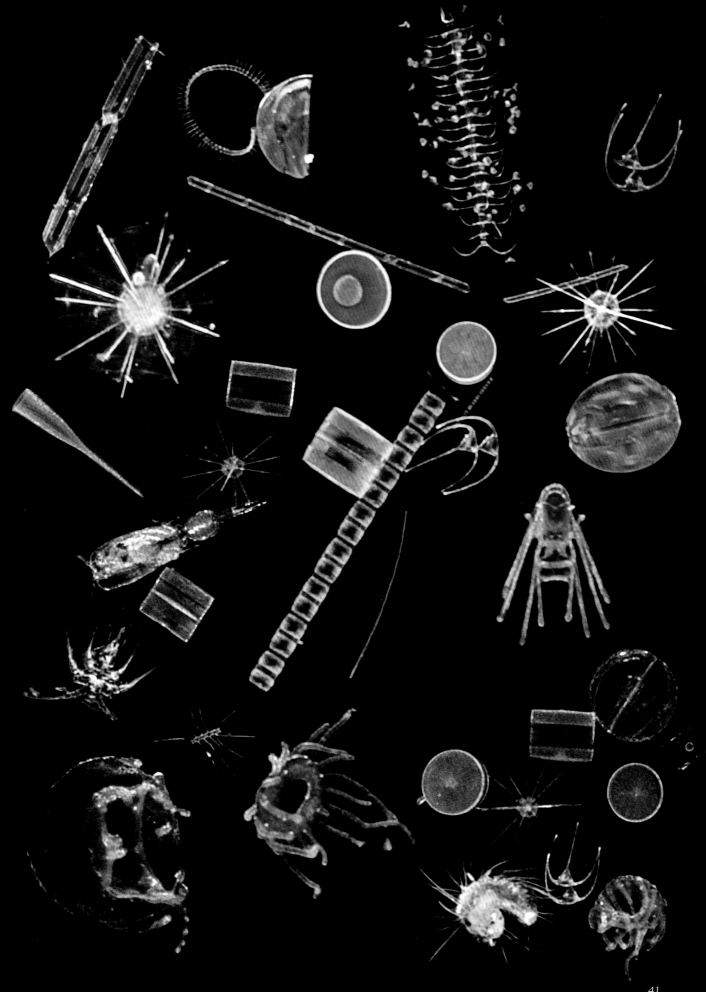

光合作用和叶绿体

在细菌中，光合作用发生在特化的膜上，而在原生生物和植物中，光合作用发生在细胞质中的叶绿体上。叶绿体是一种细胞器，含有多种自发荧光的色素分子（包括叶绿素）。

上：一种细菌 *Acaryochloris marina*，没有叶绿体，但是它们的膜能够进行光合作用，发出绿色荧光。DNA 与添加到细胞中的合成荧光染剂结合，发出蓝色荧光。在这种细菌中，光合膜和 DNA 均匀地分布在细胞质中。

中：一种甲藻——角藻（*Ceratium* sp.）和一种圆柱状的硅藻——圆筛藻（*Coscinodiscus* sp.），细胞内充满了叶绿体，呈现为小小的绿色荧光点。当 DNA 与添加到细胞中的特异性荧光染剂结合，这两种原生生物的细胞核便发出蓝色荧光。

下：一种硅藻——冰河拟星杆藻（*Asterionellopsis glacialis*）。12 个细胞组成一条长链，每个细胞具有两个大的叶绿体（绿色荧光）和一个细胞核（蓝色荧光）。

浮游植物

浮游植物是通过光合作用从阳光中获得能量的生物。浮游植物包括蓝细菌（原核生物，没有细胞核，又称蓝藻）和单细胞原生生物（真核生物，有细胞核），如硅藻、甲藻和颗石藻等。蓝细菌的细胞质内有特殊的光合膜。而浮游原生生物，则像植物细胞一样，具有特化的细胞器——叶绿体。叶绿体利用叶绿素从阳光中捕获光能。这些色素使浮游植物和植物的光合细胞呈现绿色、黄色或红色。当受到特定波长的光源激发时，叶绿素会发出明亮的荧光。

光合作用

特化的膜结构和叶绿体能进行光合作用，这是一个将二氧化碳和水转化为有机物的生化过程。这些生化反应对浮游植物的生长和繁殖至关重要，且依赖各种营养盐和矿物质，如钾、磷酸盐、硝酸盐、铁和硅。光合作用将二氧化碳和水转化为碳水化合物及其他有机分子，并生成氧气。大气中约一半的氧气是由浮游植物产生的，另一半由陆生植物产生。浮游植物，尤其是蓝细菌和硅藻，对储碳和气候调节起了重要作用。细菌和原生生物组成了超过 90% 的海洋生物量。它们制造了大量的活性分子，释放到水和大气中。例如，颗石藻能产生二甲基硫，一种重要的成云因子。

食物链的基础

浮游植物生活在海水表层，即水层中有阳光透过的部分，又叫真光层。表层浮游植物形成的巨大的生物量组成了海洋浮游食物链的基础。浮游植物被原生生物摄食，如甲藻、纤毛虫、有孔虫、放射虫和许多浮游动物和幼虫。这些生物自身又是大型捕食者的食物，如水母、鱼类、鸟类、海洋哺乳动物和人类。

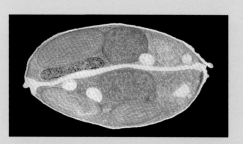

正在进行细胞分裂的一种硅藻——三角褐指藻（*Phaeodactylum tricornutum*）。含有 DNA 的细胞核为蓝色，叶绿体为绿色，线粒体为红色，细胞质为棕色。由硅氧化物组成的细胞壁（黄色）在细胞分裂过程中复制。这种硅藻长约 5 微米，是许多实验室使用的模式生物。

电子显微照片，田中敦子、克里斯·保勒　摄

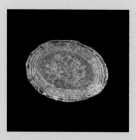

一种蓝藻——海洋原绿球藻（*Prochlorococcus marinus*），大小约 1 微米。光合膜（绿色）包裹着 DNA（蓝色）。

电子显微照片，弗雷德里克·帕滕斯基　摄

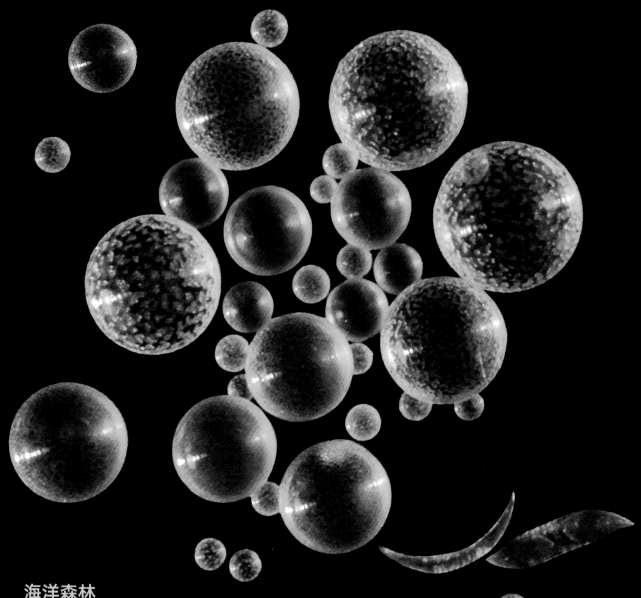

海洋森林

浮游植物在海洋环境中起着不可或缺的作用，堪比森林在陆地生态系统中的作用。浮游细菌和原生生物从阳光中捕获能量，将大气中溶解在海水里的二氧化碳转换为有机物，同时向大气中释放氧气。光合作用产生的有机物支持了初级生产，也为周围的生态系统提供养分。与树木和其他陆生植物相比，单细胞生物具有快速的生长率，这是浮游植物与陆生植物的重要区别。在这张照片中，较大的球形是一种绿藻——海球藻（*Halosphaera* sp.），闪烁虹彩光泽的细胞是硅藻——根管藻（*Rhizosolenia* sp.）。

这两个种类是冬季法国罗斯科夫沿岸的优势种，采集所用网具的筛绢孔径为 0.1 毫米。

球形棕囊藻（*Phaeocystis globosa*）

球形棕囊藻是单细胞藻类，约 6 微米，是一种定鞭藻。它们有两种生活形态，具鞭毛的单生细胞或聚集成球形群体，广泛分布于全球各个海域。有时它们能大量增殖，形成散发臭味的泡沫。棕囊藻能够释放二甲基巯基丙酸（DMSP），是二甲基硫化物（DMS）的前体。这种硫化物能够调节大气中水滴的凝结，继而影响成云及降雨。棕囊藻也与原生生物形成共生关系，如等辐骨虫 *Lithoptera* sp.（见 82—83 页）。

样本来自美国缅因州布斯湾的比格罗海洋科学实验室，国家海洋藻类及微生物中心。

海洋食物链的基石

硅藻是海洋生态系统的初级生产者，也是海洋食物链的基石，主要被浮游动物及其他动物幼虫摄食。位于这幅照片中央的是一只藤壶幼虫。图中也展示了至少 5 种硅藻。塔拉海洋科考行至巴塔哥尼亚航道时，遇到了夏季浮游生物爆发，采集了这些样本。这次爆发导致海水变为棕色。

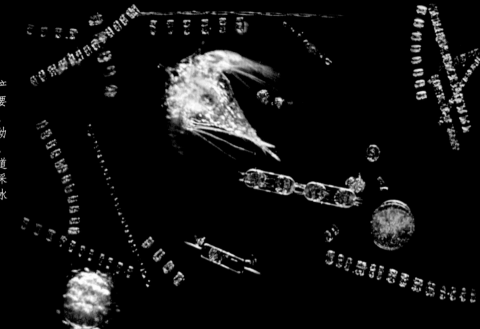

甲壳动物并非硅藻唯一的捕食者。图上这只栉水母幼体用它的触手捉到一种呈链状的硅藻——密聚角毛藻（*Chaetoceros coarctatus*）。栉水母的触手上布满了具有黏性的细胞——黏细胞。在左图中，硅藻被粘在黏性触手末端。触手逐步缩回，将硅藻拉向栉水母的身体和口。

秋季采自日本鸟羽湾的浮游生物（网具绢筛孔径：100 微米）。

这只栉水母幼体正张大它的嘴，要吞下一个硅藻——圆筛藻（*Coscinodiscus* sp.）。

秋季采自日本鸟羽湾的浮游生物。

颗石藻和有孔虫

著名的石灰石建筑师

颗石藻和有孔虫是原生生物。这些单细胞生物生成碳酸钙骨架。与珊瑚和软体动物等其他钙化生物相比，颗石藻和有孔虫在调节海洋及大气中的二氧化碳浓度方面发挥了更大的作用，是地球碳循环的重要组成部分。颗石藻有时丰度极高，甚至可在卫星拍摄的图片上观察到。右图所示为一次赫氏艾密里藻（*Emiliania huxleyi*）爆发。赫氏艾密里藻是大西洋海域的优势种，在实验室被广泛用于研究生物矿化作用及生物对海洋酸化的适应机制。

钙化细胞的骨架沉降到海底，经过上亿年，形成厚厚的微化石沉积物。随着时间的推移，这些沉积物积压、上升、露出海平面并被侵蚀，最终形成了由石灰石构成的白色悬崖，如英国的多佛白崖。数十亿微化石被保留下来，用于建造教堂及金字塔的石灰岩都来源于此。

颗石藻是一类光合藻类，又名球石藻，属于定鞭藻。颗石藻大小 2~50 微米，除 2 条鞭毛外，还有一条细细的附着鞭毛，具有附着作用，定鞭藻也因此而得名。颗石藻分泌形成精细的"鳞片"，称为颗石。颗石的结构受生活周期和环境条件。有些种类能够将它们的颗石变为复杂的附属结构，用以抵御桡足类及其他浮游动物的捕食。

图片由美国国家航空航天局（NASA）提供。

有孔虫出现在寒武纪——古生代的第一个地质时期（5.4 亿 ~5 亿年前）。它们的大小是最大的颗石藻的 5~100 倍。现存的 2 万余种有孔虫中，绝大部分是底栖种类，即附着于底部生活。一些浮游种类粒径较大，潜水时可直接采集。有孔虫利用细胞质形成的伪足，缠绕并吞入各类食物，包括细菌、小的甲壳动物、软体动物和幼虫。

有孔虫的骨架，称为介壳，从细胞内生成，通常包含多个由沉积物颗粒或碳酸钙构成的房室。有孔虫有约 38000 个化石种类，有些具有上亿年历史，地质学家用它们确定化石所在岩层的地质年代。这些微化石可帮助我们找到石油储藏并更好地了解地球的历史。

有孔虫和颗石藻

一种有孔虫——红拟抱球虫（*Globigeronidoides ruber*）的内骨骼（介壳）和 4 种颗石藻的外壳。这些外壳，被称为颗石球，由碳酸钙鳞片，或称球石组成。下图展示了多种类型的颗石，从左至右，分别是：赫氏艾密里藻（*Emilania huxleyi*）——一种实验室常用的模式生物、贺氏脐球藻（*Umbilicosphaera hulburtiana*）；筒状盘球藻（*Discosphaera tubifera*）和 *Scyphosphaera apsteinii*。

扫描电镜图片：劳伦斯·佛罗格特、玛丽·约瑟夫·克里提诺特·迪奈特、玛戈·卡迈克尔、杰里米·杨

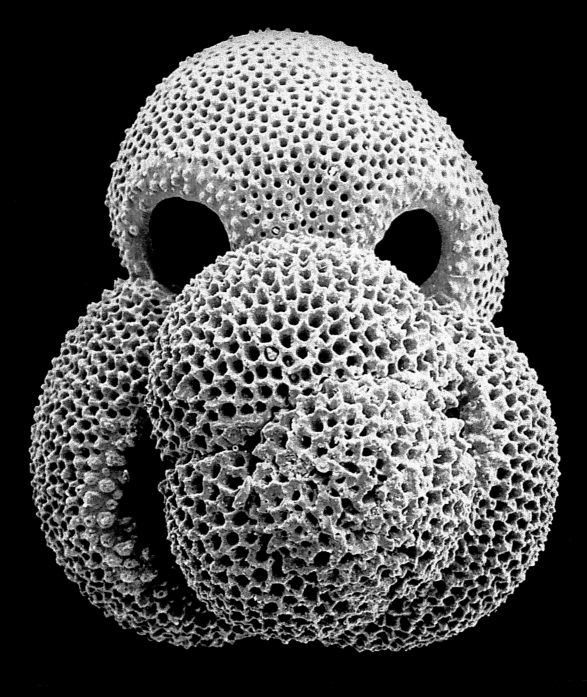

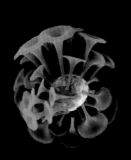

碳酸钙组成的颗石球

颗石藻细胞具有鞭毛，且能生成碳酸钙鳞片，形成一个保护壳，称为颗石球。颗石球的厚度和结构随着环境条件及细胞的生活史而改变。这些鳞片，称为颗石，在细胞内的液泡中产生、钙化、继而分泌。细胞的鞭毛区域被不同类型的颗石覆盖，使得球体看起来不对称。这种不对称的形态在此页下方的两个种类中尤为明显：左侧的杆形棒状球藻（*Rhabdosphaera clavigera*）和右侧的美丽蛇星藻（*Ophiaster formosus*）。位于它们上方的是筒状盘球藻（*Discosphaera tubifera*）的颗石球，展示了颗石极其精细的结构和排列。

扫描电镜图片，杰里米·杨、玛戈·卡迈克尔（左下图）

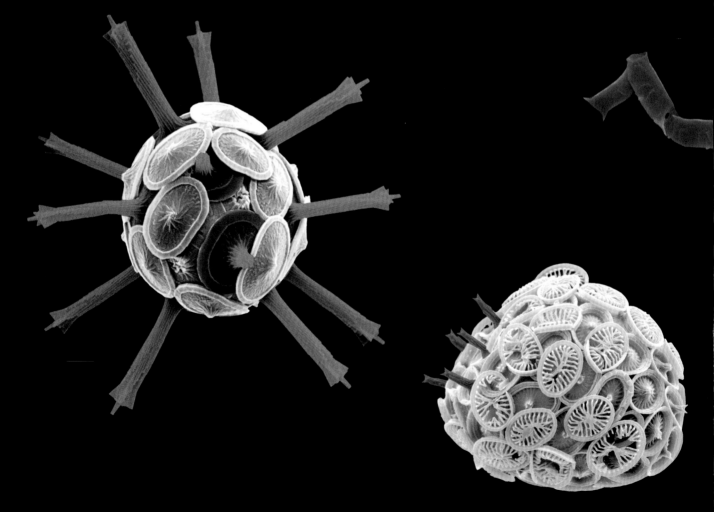

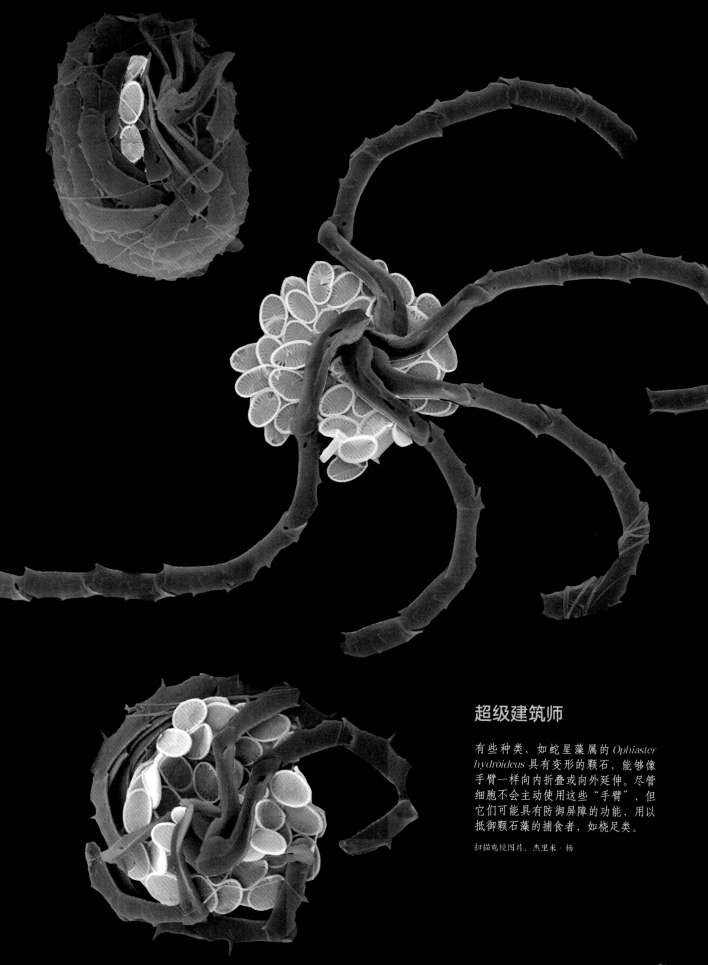

超级建筑师

有些种类，如蛇星藻属的 *Ophiaster hydroideus* 具有变形的颗石，能够像手臂一样向内折叠或向外延伸。尽管细胞不会主动使用这些"手臂"，但它们可能具有防御屏障的功能，用以抵御颗石藻的捕食者，如桡足类。

扫描电镜图片，杰里米·杨

Hastigerinella digitata，是一种大小约 2 毫米的有孔虫，照片拍摄于美国加州蒙特雷市沿岸 300 米水深处。在它的边缘处，可以看到一个桡足类的外壳。

凯伦·奥斯本 摄

捕食者——有孔虫

有孔虫和放射虫，都是根足类原生生物，一类能像变形虫一样运动的生物。有孔虫细胞表面有许多突起，称为伪足。伪足能够从钙质外壳上的小孔伸出，兼具运动和捕食的功能。有孔虫利用这些临时性的突起，寻找、捕捉并包裹各种猎物，包括细菌、其他原生生物和幼虫等。左图是一只采集自法国滨海自由城海湾的泡抱球虫（*Globigerinoides bulloides*），它正刺向一簇桡足类的卵。

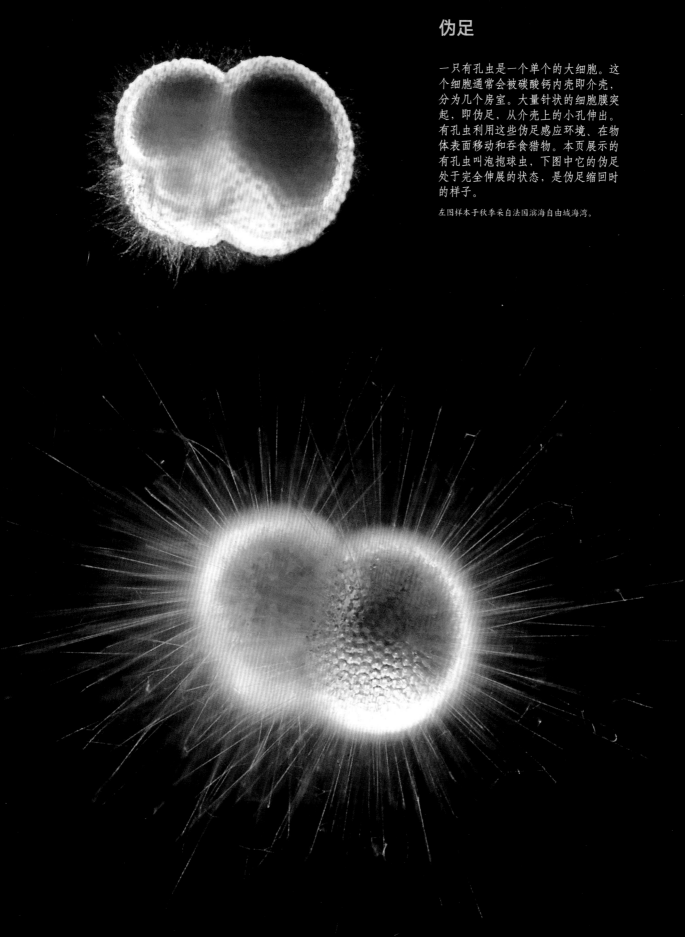

伪足

一只有孔虫是一个单个的大细胞。这个细胞通常会被碳酸钙内壳即介壳，分为几个房室。大量针状的细胞膜突起，即伪足，从介壳上的小孔伸出。有孔虫利用这些伪足感应环境、在物体表面移动和吞食猎物。本页展示的有孔虫叫泡抱球虫，下图中它的伪足处于完全伸展的状态，是伪足缩回时的样子。

左图样本于秋季采自法国滨海自由城海湾。

硅藻和甲藻
硅质或纤维素外壳

硅藻和甲藻是真核浮游植物中数量最多的，仅硅藻就产生了约全球四分之一的氧气。它们的化石最早可追溯至侏罗纪（2亿～1.5亿年前），并在白垩纪（中生代的第三个也是最后一个时期，1.45亿～6550万年前）广泛分布。硅藻和甲藻既能以单个细胞的形式生活，也能成链或成列地群体生活。在淡水和海洋环境中有数万种硅藻。它们甚至可以在冰水中蓬勃生长，在南北极丰度尤其高。

硅藻利用溶解在海水中的硅酸盐，形成了坚硬的外壳，称为硅质壳。壳分上下两个，一大一小，嵌套在一起。许多单生或群生的种类有长刺或毛，以增加浮力，使硅藻漂浮在水中。死亡的硅藻最终会沉降到海床上，形成沉积物。这些沉积物经过数百万年形成了层层沉积岩，在有些区域形成了天然气和石油储藏。硅质壳形成的沉积岩被称作"硅藻土"，不仅广泛用于农业，在工业上也大有用途，被用于制作涂料、磨料，甚至是牙膏。

硅藻几乎没有游动能力或仅能在附着表面滑行，与之相反，甲藻可以有节奏地摆动两条鞭毛并快速移动。因此，甲藻又称双鞭毛藻。大多数甲藻能够像植物一样进行光合作用，但也有一些种类可以像动物一样摄食细菌或其他原生生物，还有一些则兼具这两种营养类型，或完全依靠寄生生活。甲藻细胞也有外壳，但与硅藻不同，它们的壳是有机物纤维素构成的。大部分甲藻分泌并生成壳板，有些结构十分精美。尽管硅藻和甲藻具有坚硬的外壳，依旧难逃被捕食的命运，它们是桡足类和其他浮游动物的重要食物来源，是海洋食物链的基石。

环境条件适宜时，一些硅藻和甲藻会大量增殖，使大片海域呈现红色、绿色或黄色。这些藻类的爆发可以从飞机或卫星上观察到。有些硅藻和甲藻的爆发，如臭名昭著的"赤潮"，会产生毒素，严重危害其他海洋生物并破坏沿岸生态系统和养殖业。

日本鸟羽湾的硅藻和甲藻爆发

秋季采自日本鸟羽湾沿岸的浮游生物。采集所用网具的筛绢孔径为100微米。采集到的浮游生物呈现漂亮的粉色。在解剖镜下我们可以看到许多种类，其中有3种硅藻和1种甲藻：较大的圆柱形中心纲硅藻——圆筛藻（*Coscinodiscus* sp.）；具有透明圆顶的半盘藻（*Hemidiscus* sp.）；链状的骨条藻（*Skeletonema* sp.）；呈亮粉色的扁平原多甲藻（*Protoperidinium depressum*），它能够摄食硅藻。位于这幅图的中央的是一个黄色的星形放射虫，在它旁边具有尖锐突出的是一只蔓足类甲壳动物——藤壶的幼虫。图的下方有一只外形如同宇宙飞船浮游动物，是棘皮动物的幼虫。

实验室培养的中心纲硅藻

角毛藻（*Chaetoceros*）是多样性最高的硅藻属之一，有400多种。角毛藻的大小4～8微米不等，因细胞两端各有一对长长的角毛而得名，极易识别，但不同种之间很难区分。图中所示为丹麦角毛藻（*Chaetoceros danicus*）。与大部分角毛藻种类不同，丹麦角毛藻并不形成长链。

样本来自位于美国布斯湾的比格罗实验室国家海洋藻类及微生物中心。

有毒的羽纹纲硅藻

这些羽纹纲硅藻能够沿着物体表面或细胞表面滑行。图中我们混合了拟菱形藻属（*Pseudo-nitzschia*）的 4 个种，有的以单细胞形式生活，有的则多个细胞形成不同长度的链状。有些拟菱形藻种类能产生一种名为软骨藻酸的神经毒素，有很强的毒性。人类一旦食用了摄食拟菱形藻的贝类、鱼类或其他浮游动物，就会引起食物中毒。

样本来自位于美国布斯湾比格罗实验室，国家海洋藻类及微生物中心。

链状硅藻

菱形海线藻（*Thalassionema nitzschioides*）是一种羽纹纲硅藻。单个细胞10～20微米，通过细胞间的黏液连接在一起形成长链。

藻株由索菲·玛宝分离并培养于滨海自由城地中海藻种库。

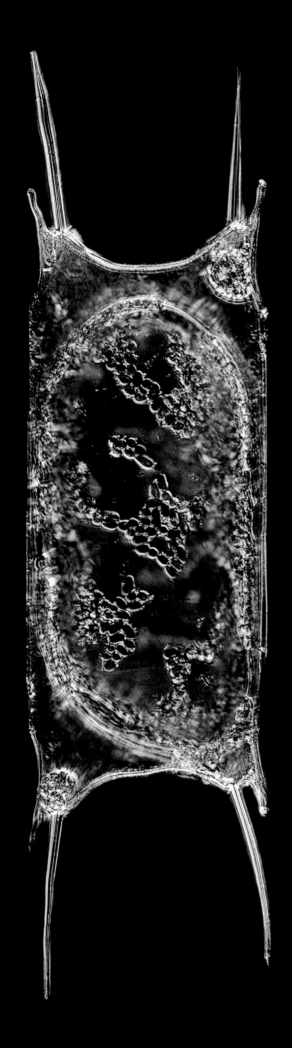

两个单生的硅藻细胞

这两个中心纲硅藻大小100～200微米（0.1～0.2毫米）。细胞内小小的颗粒是叶绿体。

左侧：中华齿状藻（*Odontella sinensis*）。

右侧：活动齿状藻（*Odontella mobiliensis*）。

采自法国罗斯科夫。拍摄及图像处理：诺埃·萨尔代。

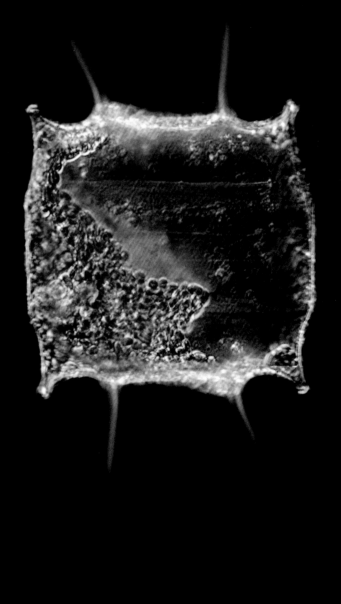

炫彩的玻璃外壳

随着光色和角度的不同，硅藻的硅质外壳能够像镜子一样反光并呈现彩虹色。当细胞死亡时，这种炫彩的亮度达到最强，正如图中央所示的羽状硅藻——布纹藻（*Gyrosigma*）。与之相反，左下图的双眉藻（*Amphora*）中充满了叶绿体。

右上：一个中心纲辐裥藻属（*Actinoptychus*）的藻细胞。

右下：角管藻属（*Cerataulina*）的藻细胞。

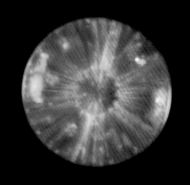

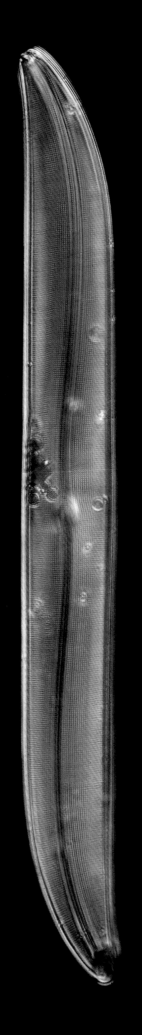

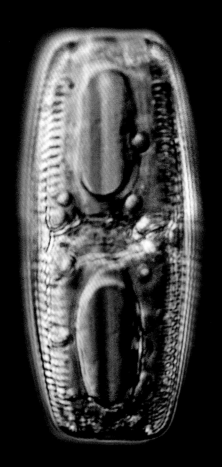

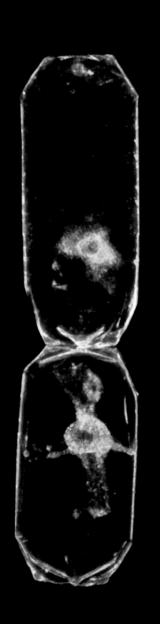

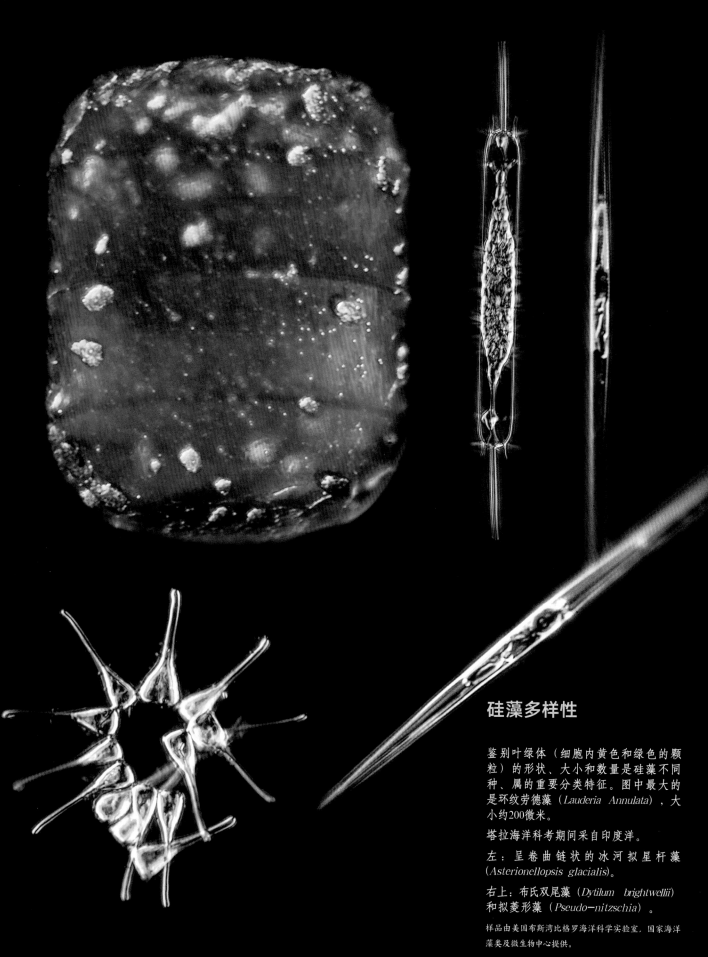

右上：布氏双尾藻（*Dytilum brightwellii*）和拟菱形藻（*Pseudo-nitzschia*）。

样品由美国布斯湾比格罗海洋科学实验室，国家海洋藻类及微生物中心提供。

硅藻多样性

鉴别叶绿体（细胞内黄色和绿色的颗粒）的形状、大小和数量是硅藻不同种、属的重要分类特征。图中最大的是环纹劳德藻（*Lauderia Annulata*），大小约200微米。

塔拉海洋科考期间采自印度洋。

左：呈卷曲链状的冰河拟星杆藻（*Asterionellopsis glacialis*）。

右上：布氏双尾藻（*Dytilum brightwellii*）和拟菱形藻（*Pseudo-nitzschia*）。

样品由美国布斯湾比格罗海洋科学实验室，国家海洋藻类及微生物中心提供。

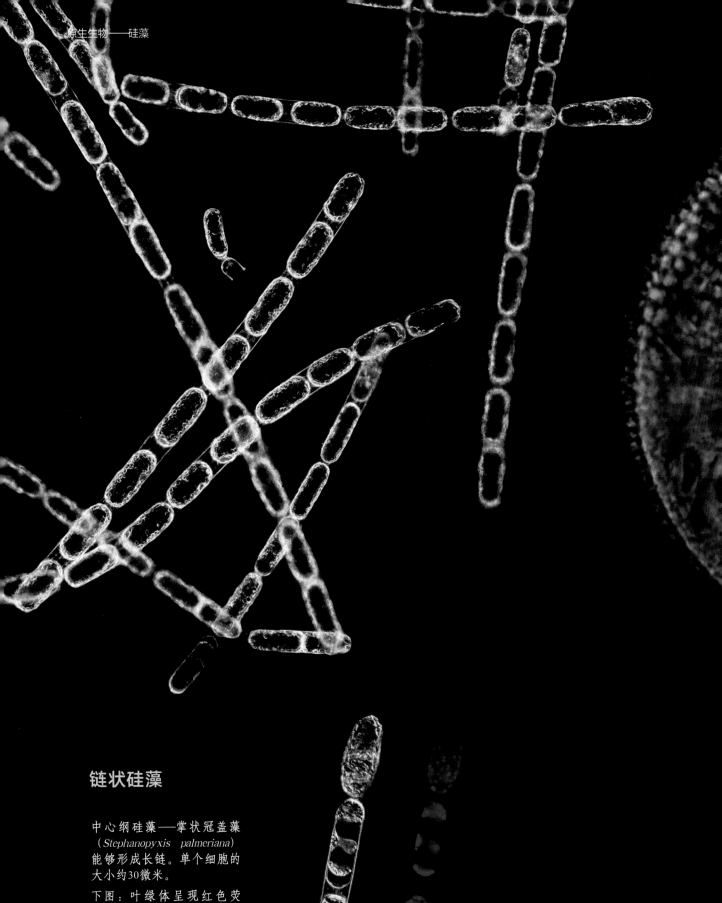

链状硅藻

中心纲硅藻——掌状冠盖藻
（*Stephanopyxis palmeriana*）
能够形成长链。单个细胞的
大小约30微米。

下图：叶绿体呈现红色荧
光。中间的硅藻细胞正在分
裂中。

样本来自位于美国布斯湾的比格罗实验室
国家海洋藻类及微生物中心。

硅藻壳

硅藻的外壳，更准确地说，是被称为硅质壳的细胞壁，由两部分嵌套而成。这些外壳是由嵌在蛋白质基质中的水合二氧化硅组成，二氧化硅则是在细胞内合成。每个种类都有其独有的精美的硅质壳结构。此图展示了中心纲圆筛藻属（*Coscinodiscus*）的多个细胞。

右：扫描电镜照片。

尼尔斯·克罗格、克里斯·保勒　摄

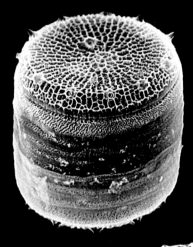

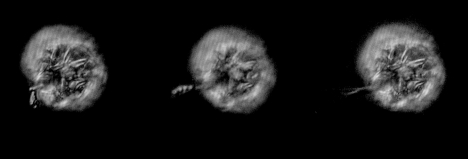

甲藻的运动能力

左上：塔玛亚历山大藻（*Alexandrium tamarense*），一种能产生麻痹性毒素的甲藻，经常在沿岸海域大量增殖，将海水变为红色。细胞大小25～50微米，细胞依靠两条鞭毛推动前进。

样本来自位于美国布斯湾的比格罗实验室，国家海洋藻类及微生物中心。

左：网纹角藻（*Ceratium hexacanthum*）。它们依靠两条鞭毛运动，图上只有纵鞭毛可见，而横鞭毛隐藏在细胞的环沟中。纵鞭毛推动细胞前进，而横鞭毛使细胞旋转。英文中甲藻一词"dinoflagellate"，源于希腊语dino和拉丁语flagellum，分别意为"旋转"和"小鞭子"，用以形容这种依靠鞭毛的旋转运动。

样本来自法国滨海自由城地中海藻种库。

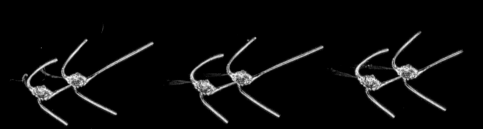

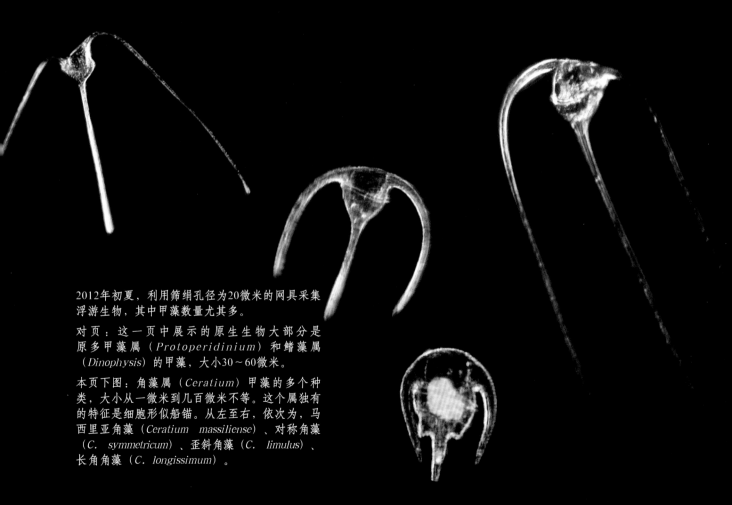

2012年初夏，利用筛绢孔径为20微米的网具采集浮游生物，其中甲藻数量尤其多。

对页：这一页中展示的原生生物大部分是原多甲藻属（*Protoperidinium*）和鳍藻属（*Dinophysis*）的甲藻，大小30～60微米。

本页下图：角藻属（*Ceratium*）甲藻的多个种类，大小从一微米到几百微米不等。这个属独有的特征是细胞形似船锚。从左至右，依次为，马西里亚角藻（*Ceratium massiliense*）、对称角藻（*C. symmetricum*）、歪斜角藻（*C. limulus*）、长角角藻（*C. longissimum*）。

纤维素铠甲

大部分甲藻，与图中上部的原多甲藻（*Protoperidinium* sp.）类似，都有结构精细的纤维素外壳，称为壳板。这些壳板在扁平的液泡内产生，经细胞分泌后，在细胞表面组合形成铠甲状。

上：扫描电镜照片，玛戈·卡迈克尔 摄

右：蜡台角藻（*Ceratium candelabrum*）的细胞核与DNA染剂结合后呈现蓝色荧光。叶绿素受光激发后自发红色荧光。

共聚焦显微镜照片，克里斯蒂安·鲁维埃、克里斯蒂安·萨尔代 摄

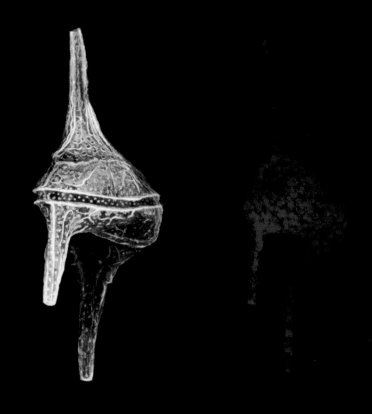

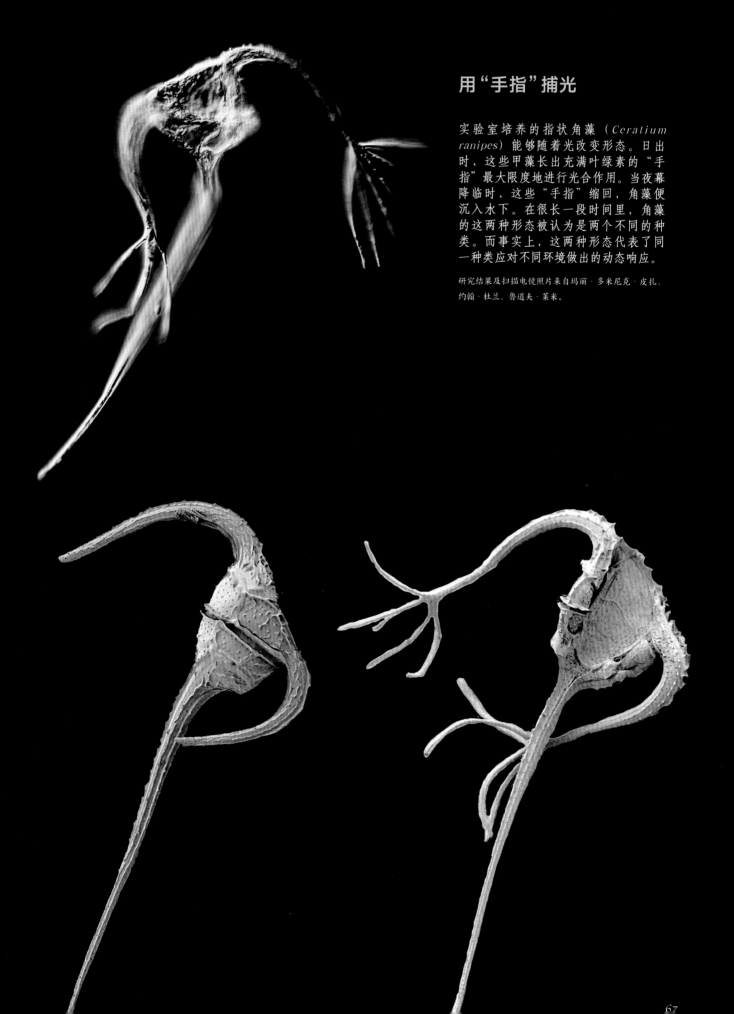

用"手指"捕光

实验室培养的指状角藻（*Ceratium ranipes*）能够随着光改变形态。日出时，这些甲藻长出充满叶绿素的"手指"最大限度地进行光合作用。当夜幕降临时，这些"手指"缩回，角藻便沉入水下。在很长一段时间里，角藻的这两种形态被认为是两个不同的种类。而事实上，这两种形态代表了同一种类应对不同环境做出的动态响应。

研究结果及扫描电镜照片来自玛丽·多米尼克·皮扎、约翰·杜兰、鲁道夫·莱米。

甲藻的生活史

许多甲藻的生活史复杂，不同生活史阶段的习性及外形迥异。本页所示的是，在梭形壳内的球甲藻(*Dissodinium*)孢囊。但它具有运动鞭毛的游孢子形态则完全不同，有两条鞭毛，形似塔玛亚历山大藻。

样品由法国滨海自由城地中海藻种库提供。

新月梨甲藻(*Pyrocystis lunula*)的生活史包括无运动能力的孢囊阶段和有运动鞭毛的游孢子阶段。在孢囊阶段，处于细胞分裂不同时期的细胞都在同一个壳内。每隔一定时间，具鞭毛的游孢子就会被释放出来。这个种类受到扰动时会发出漂亮的蓝光。

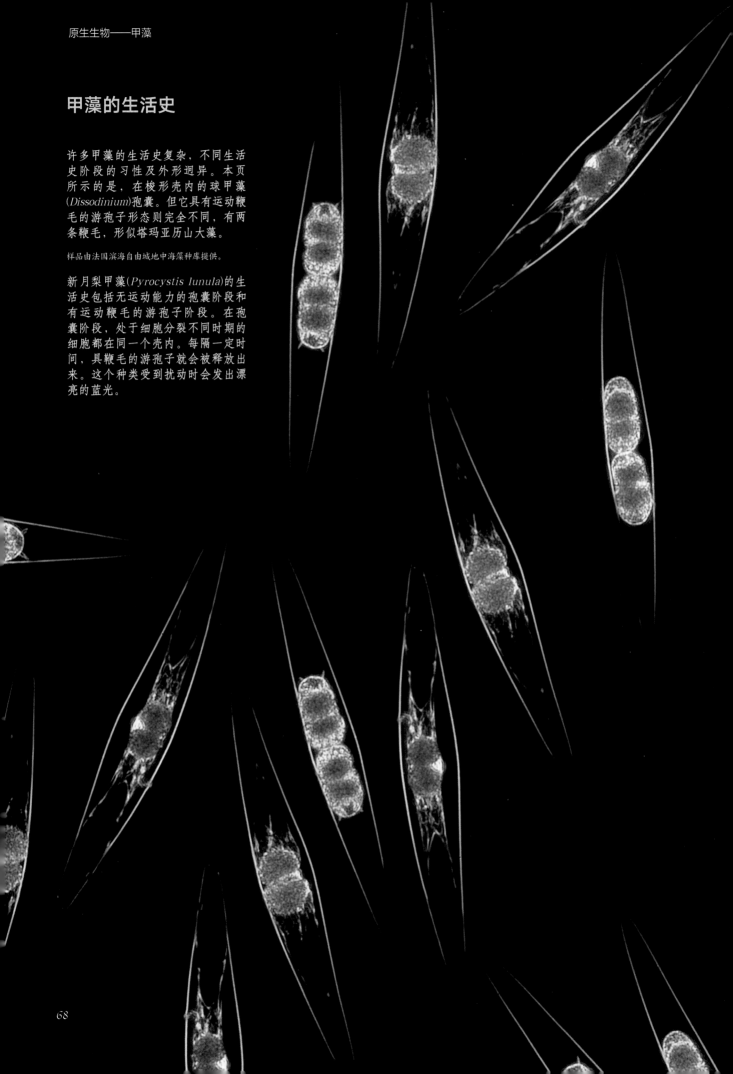

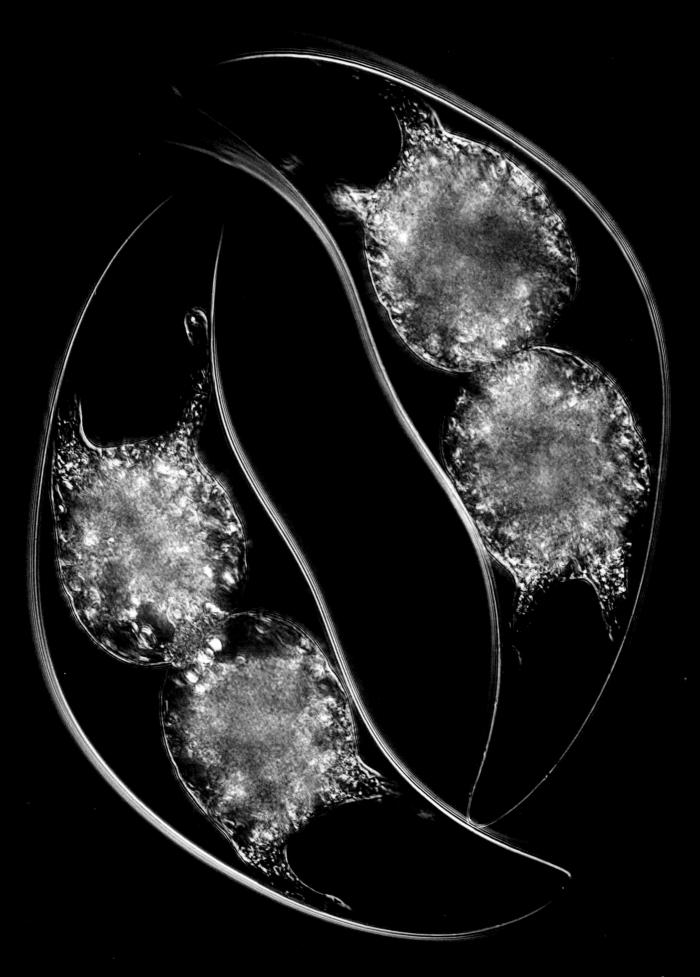

放射虫：多孔虫和等辐骨虫

海洋表层的共生生物

放射虫是一类单细胞浮游原生生物，主要分为两类——多孔虫（也称多囊虫）和等幅骨虫。绝大多数放射虫只有通过显微镜才能观察到，少数种类肉眼可见。十九世纪恩斯特·海克尔发表的精美绘本（见19页及85页）让人们认识了个体较大的放射虫。有些群生的多孔虫，形成胶质球体，极易被潜水员观察到。在数千种已鉴定的放射虫中，大多数能够形成复杂精细的硅质骨架。它们的化石可在沉积物中找到，有超过5亿年，见证了海洋演化和气候变迁。这些化石常被用于鉴定油气储藏的来源。喜马拉雅山的放射虫化石是板块运动的有力证据。

等幅骨虫利用硫酸锶形成醒目的针状和盾状结构。与变形虫相似，多孔虫与等幅骨虫将它们的原生质膜延伸成为细细的突起，形成伪足、根足和轴伪足。它们利用这些结构来感知环境捕捉并摄食猎物，如细菌、其他原生生物或微型动物。

除了捕食其他生物，许多多孔虫和等幅骨虫种类依赖与微藻长期共生，类似珊瑚与虫黄藻的关系。在多孔虫和等辐骨虫的细胞表面或细胞质内含有微藻，它们向微藻提供庇护场所和营养物质，微藻可以通过光合作用获取能量。它们通常在海洋表层漂浮以最大限度地获得光照。由于放射虫及其共生生物像一个植物和动物的杂合体，塔拉海洋科考的同事们戏称它们为"植物虫"。

放射虫与微藻共生的典型例子便是胶体虫（Collozoum）。胶体虫是一类群生放射虫，数千个个体与大量的微藻共同生活在同一个胶质囊内。还有一些常见微藻，如定鞭藻，可以生活在美丽的等辐骨虫 Lithoptera 的细胞质内。这些细胞间相互合作的例子可以追溯到侏罗纪（距今1.5亿～2亿年前），那时的海洋营养贫瘠。浮游生物的共生及协同进化使它们可在全球不同的海域生存，不论是生物多样性高的区域或者是贫瘠的"海洋沙漠"。

法国滨海自由城海湾的多孔虫

图中包括10个直径约1毫米的 *Aulacantha scolymantha*、2个较大的 *Thalassicolla pellucida* 和 *Thalassolampe margarodes*（见71页放大图）。左下角是泡沫虫目放射虫——胶体虫（*Collozoum inerme*），许多细胞共同生活在一个胶质囊内。
秋季采集的浮游生物，所用网具的筛绢孔径为120微米。

克里斯蒂安·萨尔代　诺埃·萨尔代 摄

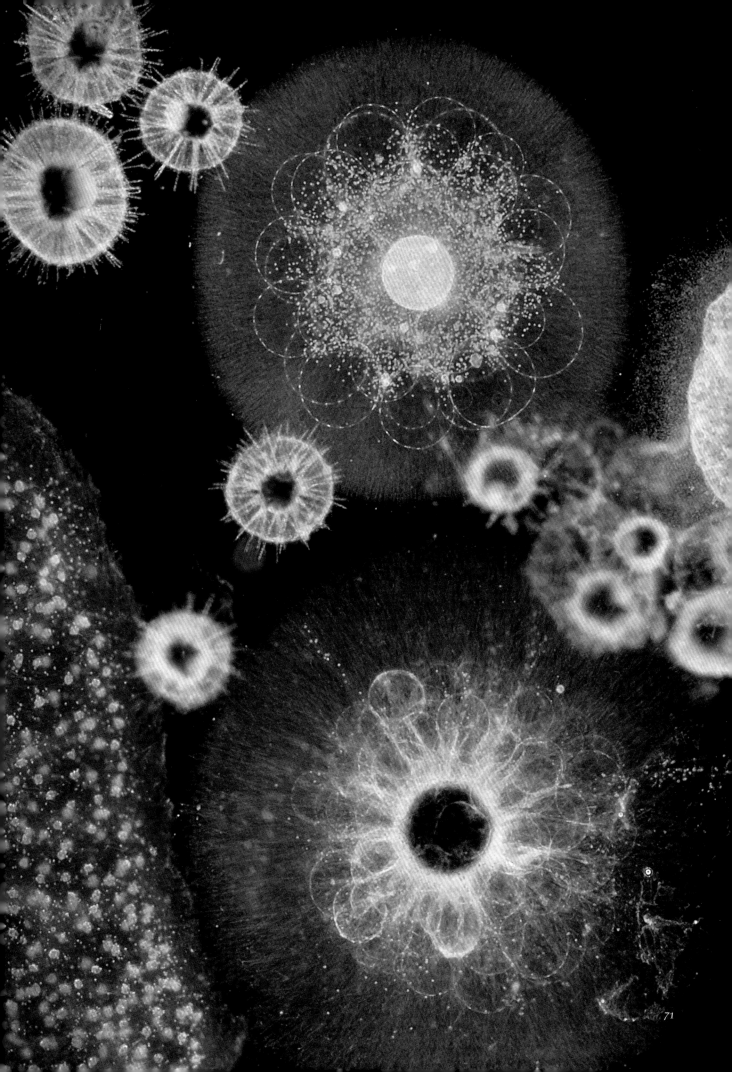

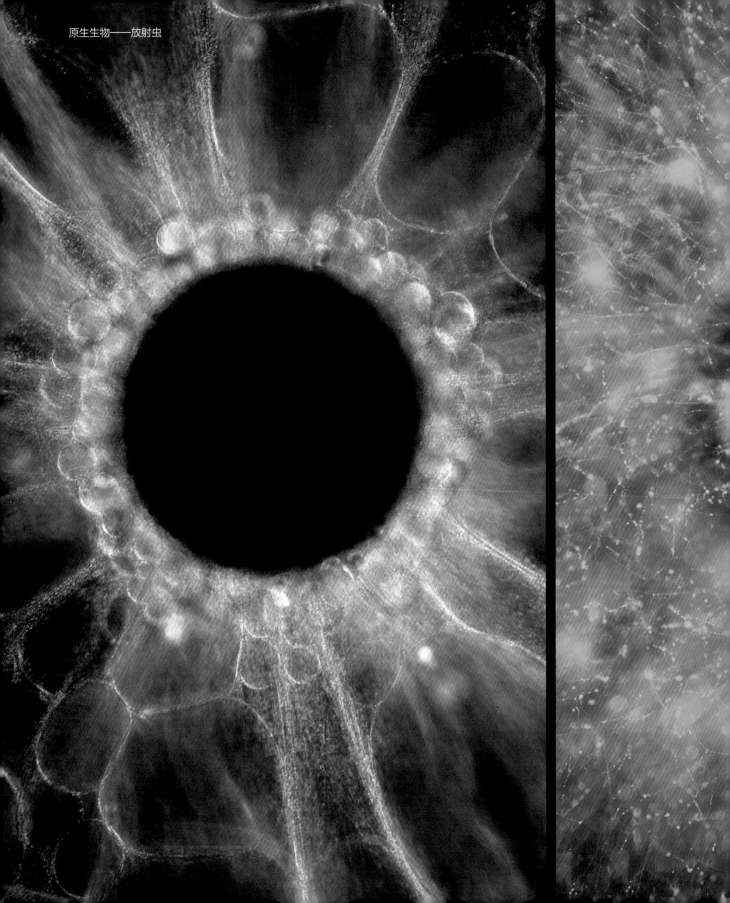
原生生物——放射虫

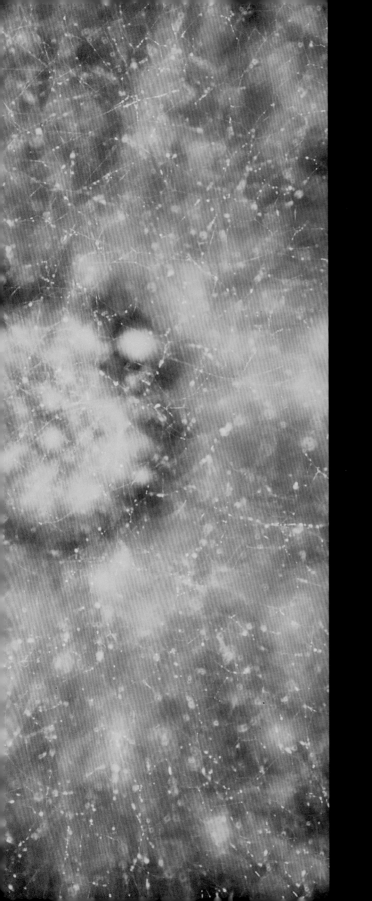

多孔虫的中心

放射虫的中心囊（左图）包括一个或多个细
胞核和大量的细胞质，称为内质。这个大
细胞（约若干毫米）的细胞质中包含许多线
粒体、一个内质网和一个细胞内膜的管状网
络（中图的绿色荧光）。有的放射虫，如
Thallassolampe sp.，它的内质中含有许多共
生微藻，微藻的叶绿素发出红色荧光（右图）。

秋季采自滨海自由城海湾的浮游生物（网具筛绢孔径：120
微米）。

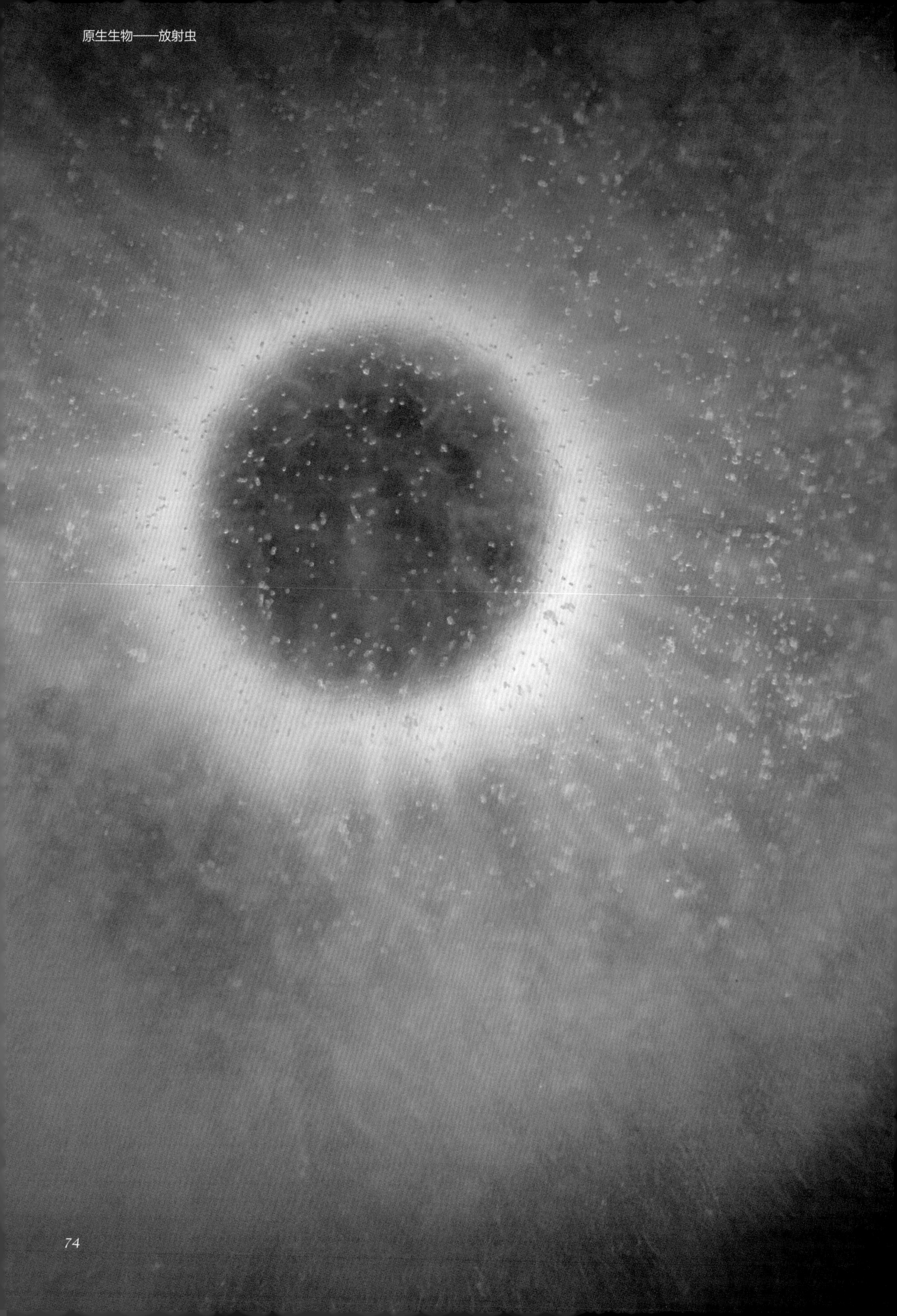

两种放射虫

对页：一个较大的放射虫 *Thalassicolla nucleata*，有一个包裹着细胞核的中心囊。

本页一个胶体虫群体，许多细胞共同生活在同一个胶质囊内，每个细胞都有一个中央囊。两个图中的黄褐色小点是与放射虫共生的微藻。

秋季采自法国滨海自由城海湾的浮游生物（网具筛绢孔径：120微米）。

克里斯蒂安·萨尔代　诺埃·萨尔代　摄

克里斯蒂安·萨尔代和尤里斯·萨尔代 摄

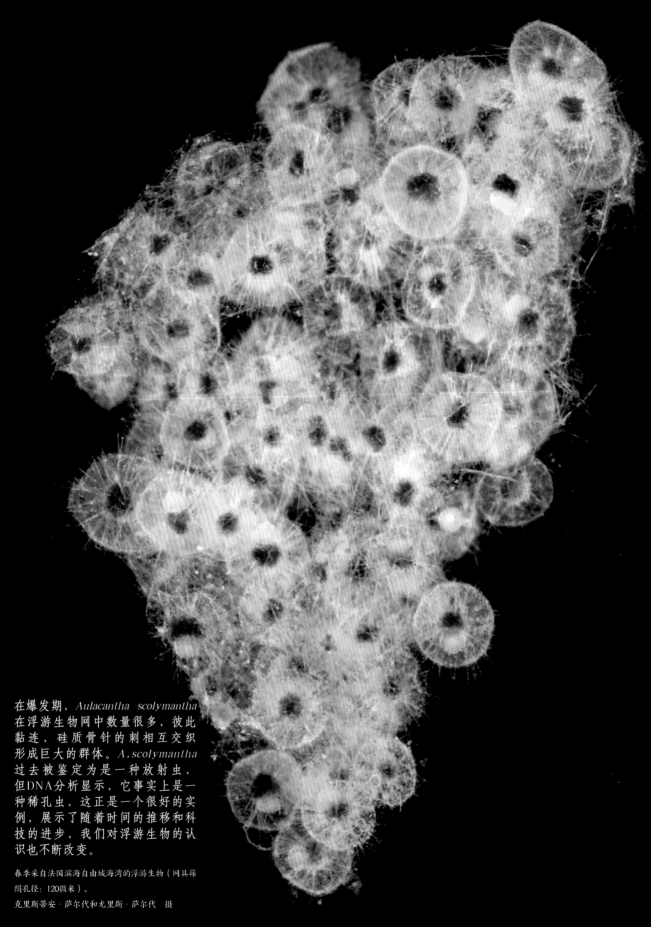

在爆发期，*Aulacantha scolymantha* 在浮游生物网中数量很多，彼此黏连，硅质骨针的刺相互交织形成巨大的群体。*A.scolymantha* 过去被鉴定为是一种放射虫，但DNA分析显示，它事实上是一种稀孔虫，这正是一个很好的实例，展示了随着时间的推移和科技的进步，我们对浮游生物的认识也不断改变。

春季采自法国滨海自由城海湾的浮游生物（网具筛绢孔径：120微米）。

克里斯蒂安·萨尔代和尤里斯·萨尔代 摄

在这个胶体虫*Thalassolampe margarodes*内，黄褐色的中心囊被巨大的白色液泡所围绕。这些液泡，连同胶质和骨架，共同调节放射虫的浮力，并储存营养。胶质中的黄色小颗粒是共生的微藻。

秋季采自法国滨海自由城海湾的浮游生物（网具筛绢孔径：120微米）。

克里斯蒂安·萨尔代 诺埃·萨尔代 摄

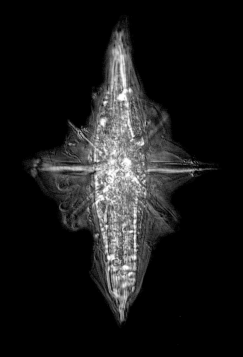

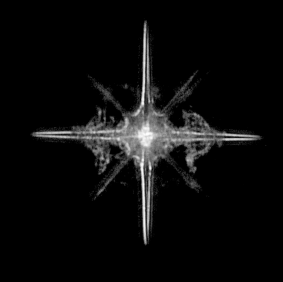

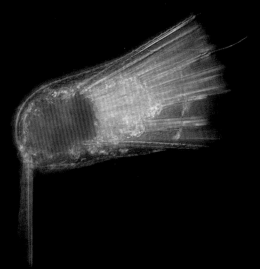

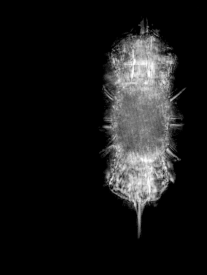

等辐骨虫

这五种等辐骨虫具有各自种类特有的骨架特征，都有10个或20个由硫酸锶构成的刺，称为骨针。每个骨针都是一个晶体，可伸缩的细丝在此处结合，这些细丝被称为肌丝，能够快速地伸展或收缩中心囊周围的细胞质。

上图中从左上方顺时针，分别是:对针虫（*Amphibelone* sp.），紫棘十字虫（*Acanthostaurus purpurascens*），双锥虫（*Diploconus* sp.），异棘虫（*Heteracon* sp.）（孢囊前期）。

右图：松棘目(Chaunacanthida) 的未知种类。

春季采自滨海自由城海湾。

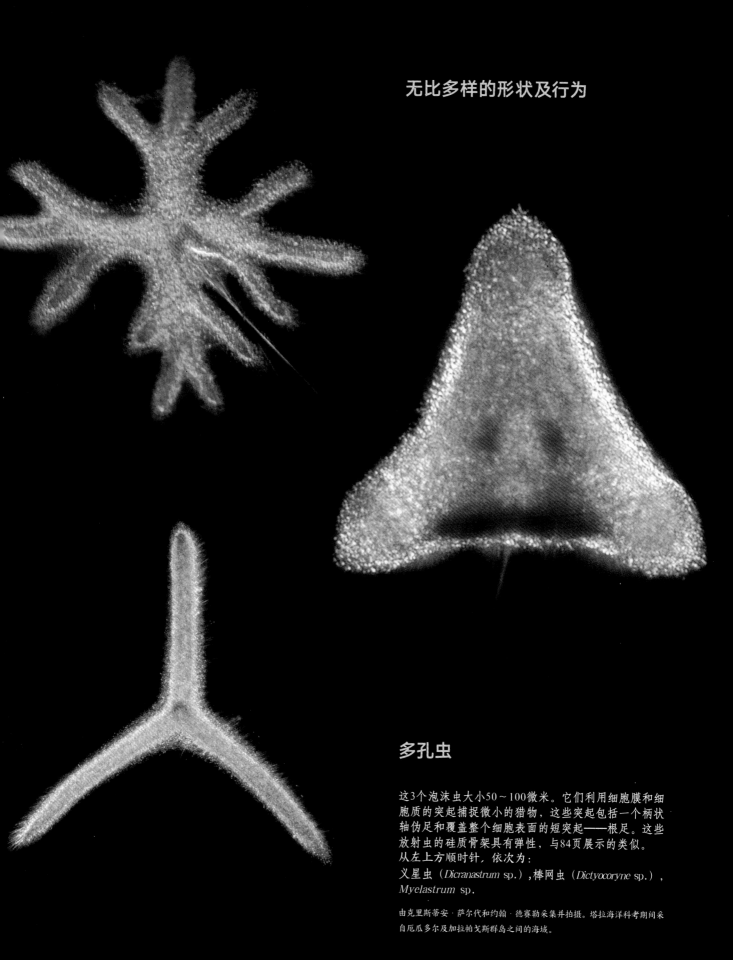

多孔虫

这3个泡沫虫大小50~100微米。它们利用细胞膜和细胞质的突起捕捉微小的猎物，这些突起包括一个柄状轴伪足和覆盖整个细胞表面的短突起——根足。这些放射虫的硅质骨架具有弹性，与84页展示的类似。
从左上方顺时针，依次为：
义星虫（*Dicranastrum* sp.），棒网虫（*Dictyocoryne* sp.），*Myelastrum* sp.

由克里斯蒂安·萨尔代和约翰·德赛勒采集并拍摄。塔拉海洋科考期间采自厄瓜多尔及加拉帕戈斯群岛之间的海域。

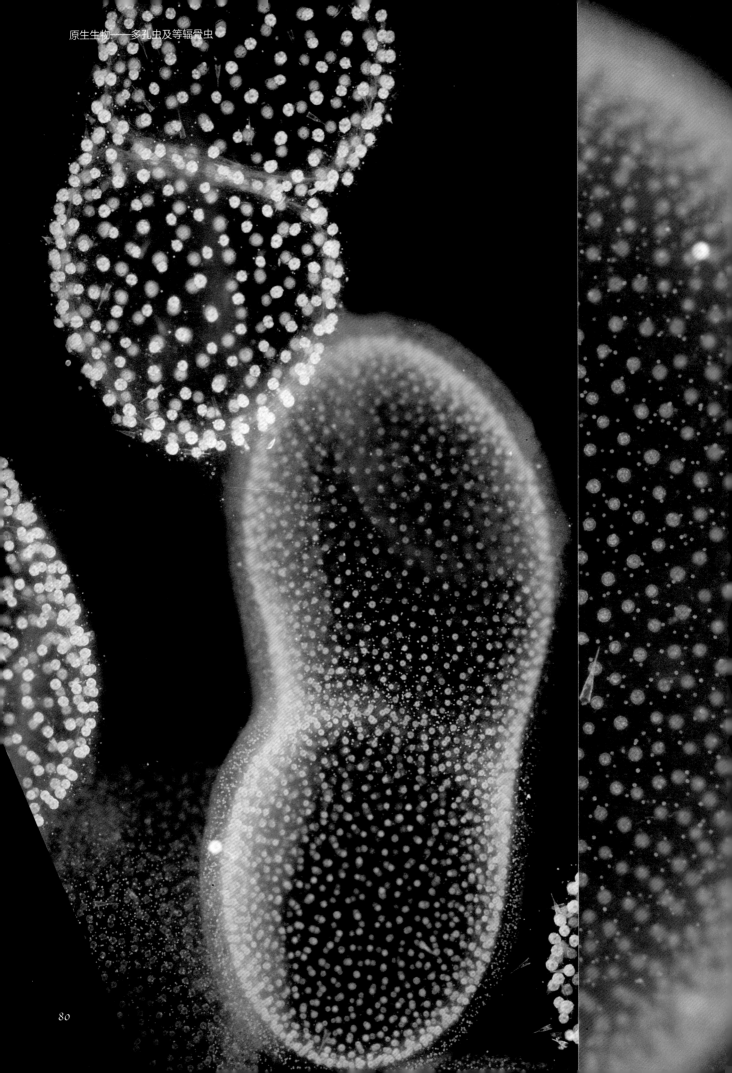

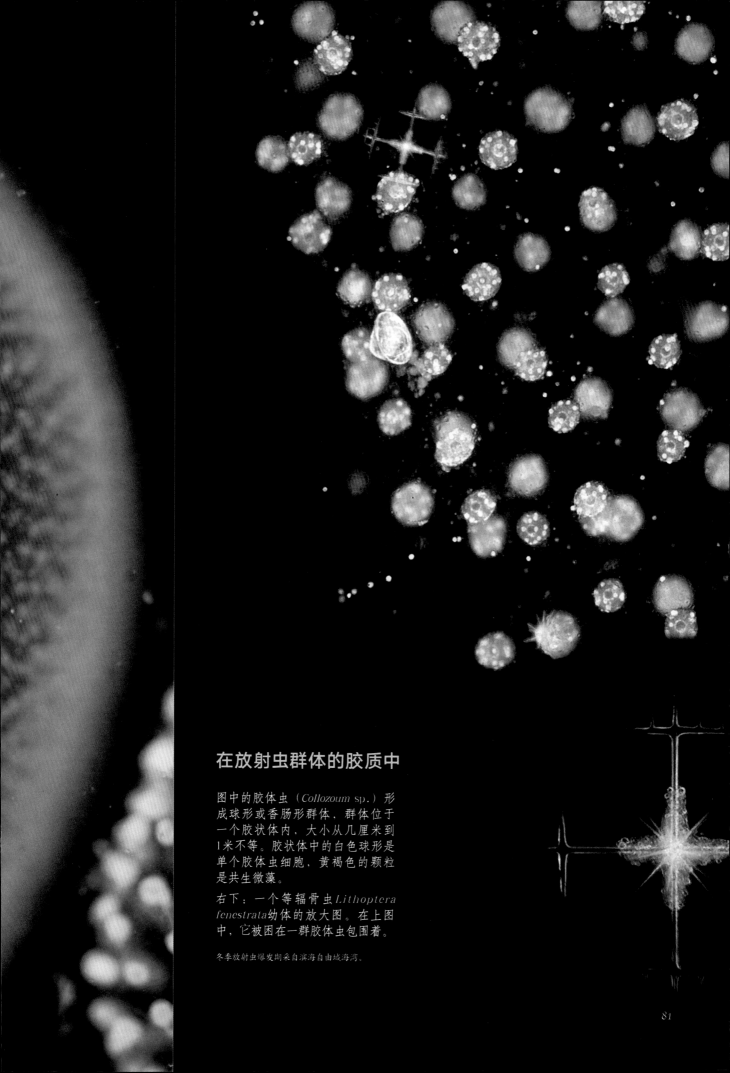

在放射虫群体的胶质中

图中的胶体虫（Collozoum sp.）形成球形或香肠形群体，群体位于一个胶状体内，大小从几厘米到1米不等。胶状体中的白色球形是单个胶体虫细胞，黄褐色的颗粒是共生微藻。

右下：一个等辐骨虫 Lithoptera fenestrata 幼体的放大图。在上图中，它被困在一群胶体虫包围着。

冬季放射虫爆发期采自滨海自由城海湾。

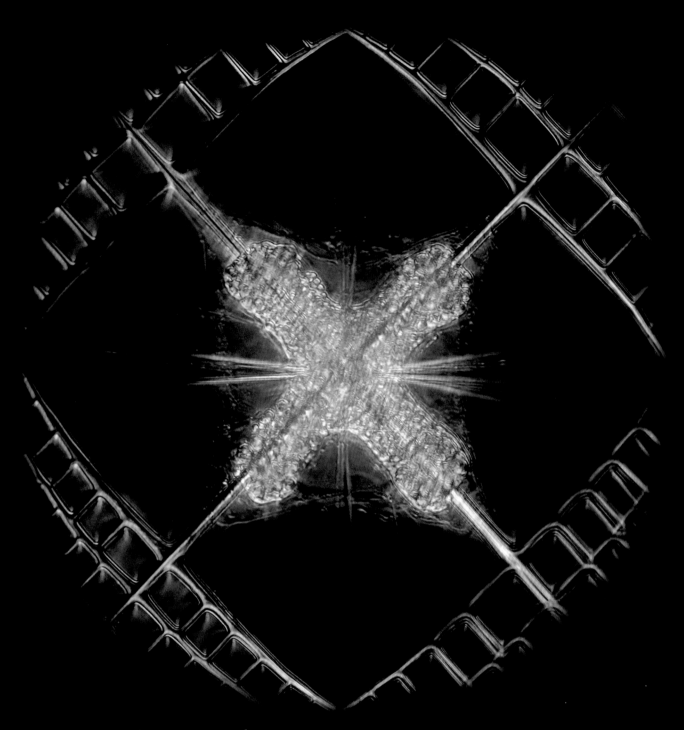

等辐骨虫（*Lithoptera*）

有关等辐骨虫*Lithoptera fenestrata*的描述最早出现于19世纪末。图中的个体采自于冬季滨海自由城海湾。这种单细胞生物可以在海洋中漂浮存活一个月至数月不等。它的硫酸锶骨架大小随着年龄而增长。

上：细胞质突起十分明显。它们以此来感知环境并寻找食物。图中4团黄色的物体是一群共生在细胞质内的棕囊藻（*Phaeocystis*）。棕囊藻是定鞭藻中的一个属。

右：实验室培养的棕囊藻（*Phaeocystis* sp.），有两条鞭毛。

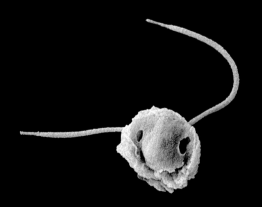

扫描电镜图，约翰·德赛勒和法布里斯·诺特　摄

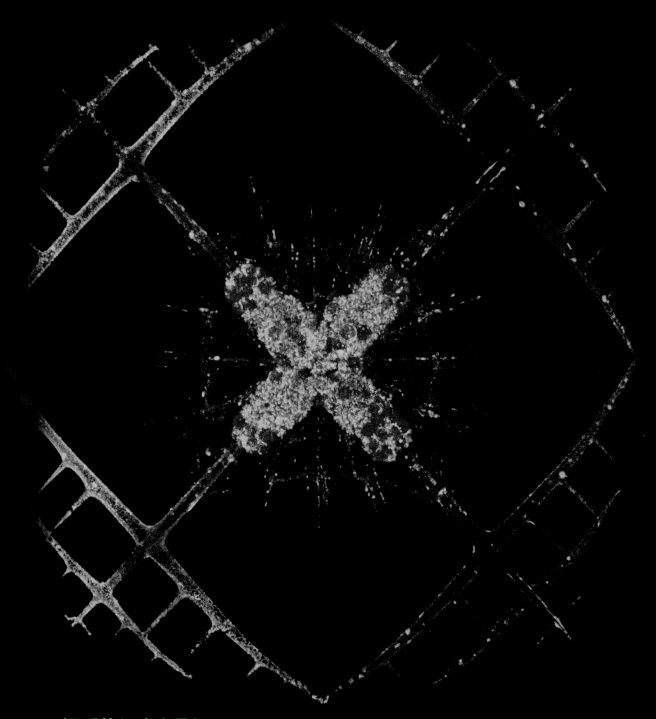

锶质的细胞内骨架

等辐骨虫的硫酸锶骨架产生于细胞内，并完全
被细胞膜包围。上图中，细胞质和细胞膜突起
与荧光染料结合后呈现绿色。共生微藻（棕囊
藻）的叶绿素发出红色荧光。等辐骨虫的细胞
核与DNA特异性染料结合后，呈现蓝色。
冬季采自滨海自由城海湾。
右：*Lithoptera* sp.的锶质骨架

共聚焦显微镜图（上）及扫描电镜图（右），塞巴斯蒂安·柯
林、约翰·德赛勒、法布里斯·诺特、科隆邦·巴尔加斯 摄

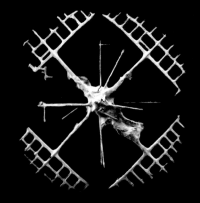

非凡的硅质骨架

多孔虫的硅质骨架是网状的，呈轴对称[罩龙虫（1、4）]或球对称[泡沫虫（2、3、5）]。古生物学家通过鉴定放射虫化石来描述地质矿藏和油气储藏的特征。

以此页向简和莫尼克·卡雄致敬。1960—1990年，他们在滨海自由城研究放射虫，利用扫描电镜拍摄了这些照片。图5由约翰·德赛勒和法布里斯·诺特拍摄。（1）翼篮虫（*Pterocanium* sp.）（2）门孔虫（*Tetrapyle* sp.）（3）六矛虫（*Hexalonche* sp.）（4）石网虫（*Litharachnium* sp.）（5）Didymospyris sp.

对页：罩龙虫目、环骨虫亚目放射虫的骨架。

由恩斯特·海克斯在1904年出版的《自然的艺术形态》（德文原名：Kunstformen der Natur）中描绘。

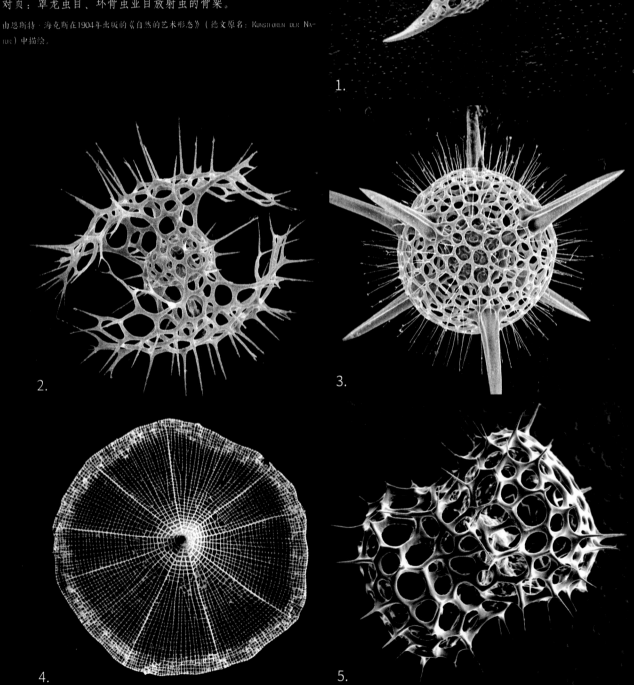

1.

2.

3.

4.

5.

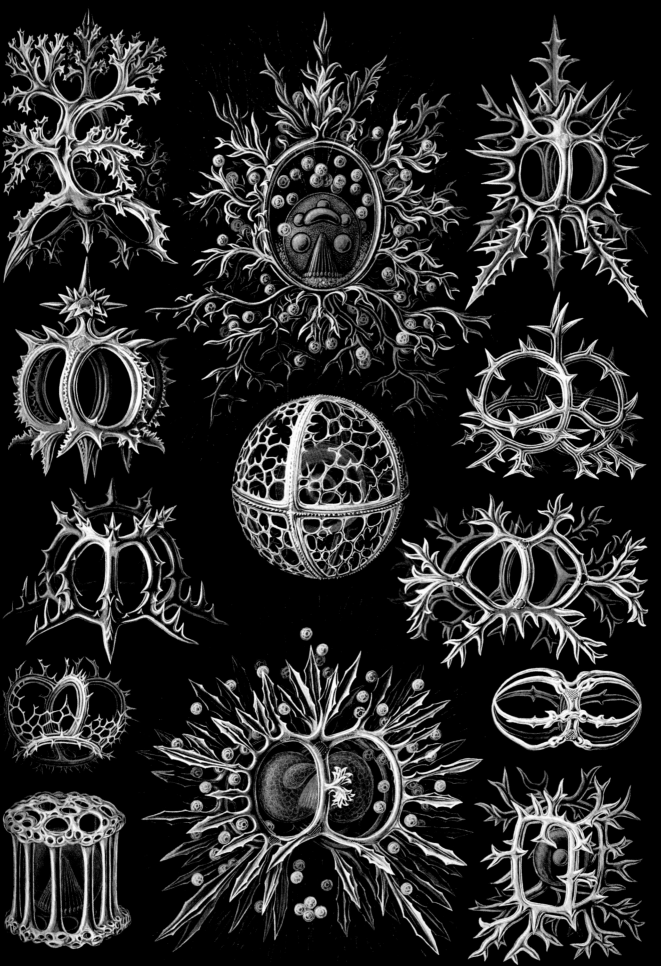

纤毛虫和领鞭虫

运动性和多细胞化

单细胞生物普遍具有纤毛和鞭毛。纤毛和鞭毛也存在于许多人类和其他动物的细胞中，最为典型的是众所周知的精子细胞，就是依靠尾部鞭毛推动前进。所有的纤毛和鞭毛都有相同的微管结构，这一结构特征在进化过程中尤其保守。它们既能接收并传递来自环境的信号，又能通过细胞和摄食。条件适宜时，每升海水中可发现数百万个具有纤毛和鞭毛的原生生物。

大约有 1 万种纤毛虫生活在海洋和湿地环境中，它们大小 10 ~ 100 微米。纤毛虫细胞的口称为胞口，周围细小的纤毛呈花冠状分布。在细胞表面，成列的纤毛协调地拍打。纤毛虫和鞭毛虫以小型原生生物和细菌为食，在海洋食物链中起着至关重要的作用。同时，它们也是较大的原生生物和浮游动物的食物。

海洋纤毛虫种类繁多，其中砂壳纤毛虫最容易辨认。它们有着与众不同且美丽的外壳，看起来就像罗马士兵的铠甲，因此又被称为"鞘"。纤毛虫的外壳由蛋白质构成，形似小号、花瓶或古罗马的双耳细颈瓶，上有颗粒点缀。

纤毛虫的虫体可附着在壳的底部，或将花冠状纤毛延展至壳外部，进行游动。纤毛的运动能形成微小的水流使周围的食物聚集至胞口附近。如果受到扰动，虫体会迅速缩回壳中。砂壳纤毛虫有多个细胞核且能通过细胞接合交换基因——不同个体形成的临时组合，随后便分离为两个个体。

领鞭虫是一类原生生物，其重要的形态特征是：由肌纤维形成的一个领状或花冠状结构环绕着一条鞭毛。鞭毛的运动形成水流，将细菌带到口附近并由领状结构捕获猎物。迄今已知的海洋领鞭虫约有 100 种，其中一些能分泌形成精美的外壳或鞘。领鞭虫与海绵的摄食细胞——领细胞十分相似。海绵是最古老的动物之一，因此从进化的角度来说，这种相似性表明领鞭虫可能是动物的近缘类群。

领鞭虫也提供了多细胞生物（动、植物）的进化线索。例如，领鞭虫 *Salpingoeca rosetta*，多个细胞的鞭毛对侧相连，形成玫瑰花状的群体。群体的形成受到细菌分泌物的调控。莫非海洋中的细菌主宰了第一个动物的诞生？

壳内的砂壳纤毛虫

这种砂壳纤毛虫，名为螺旋条纹虫（*Rhabdonella spiralis*），是 1881 年由赫曼·福尔（Hermann Fol）发现的。他是滨海自由城海洋观测站的创始人之一。
左：纤毛虫虫体在壳的底部。
右：纤毛虫虫体向上移动至胞口，并展开它的花冠状纤毛。
约翰·杜兰 摄

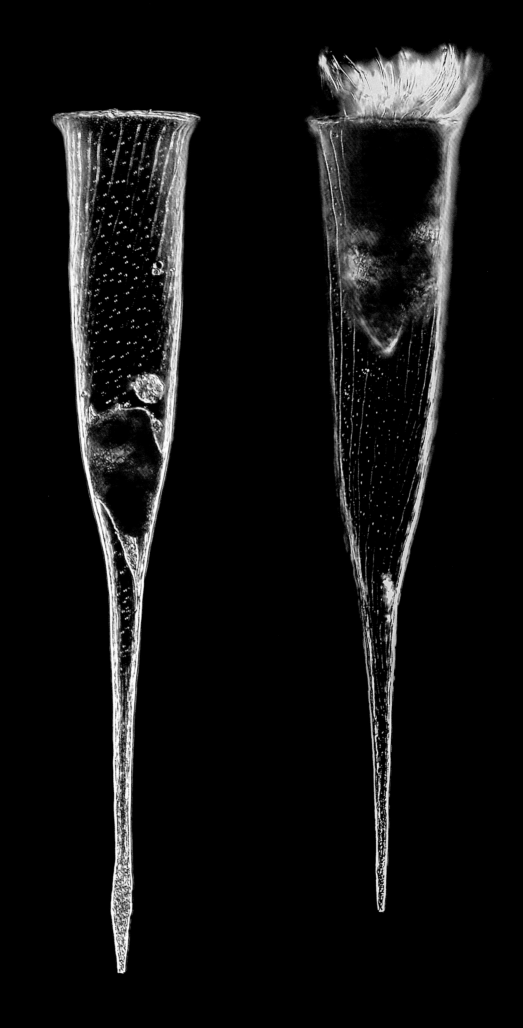

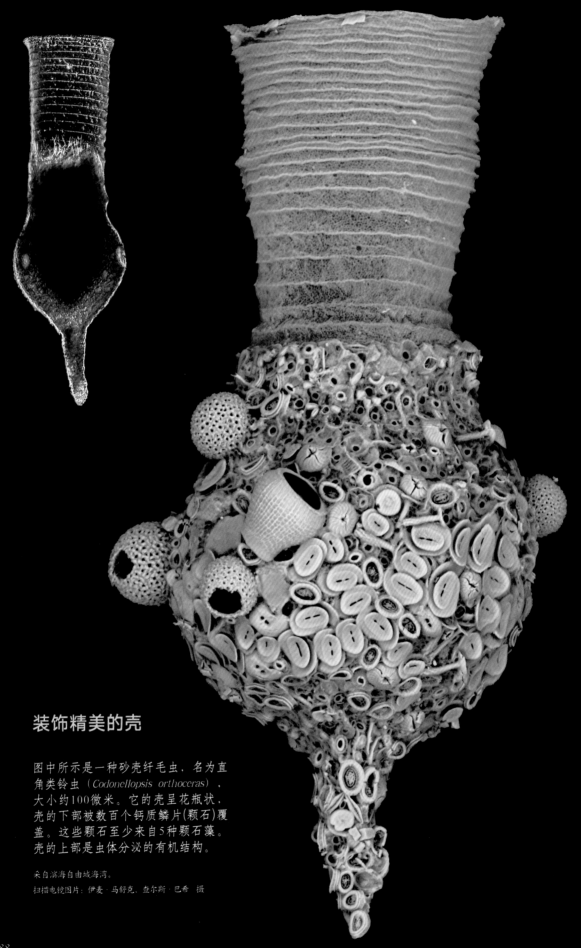

装饰精美的壳

图中所示是一种砂壳纤毛虫，名为直角类铃虫（*Codonellopsis orthoceras*），大小约100微米。它的壳呈花瓶状，壳的下部被数百个钙质鳞片(颗石)覆盖。这些颗石至少来自5种颗石藻。壳的上部是虫体分泌的有机结构。

采自滨海自由城海湾。

扫描电镜图片：伊麦·马舒克、查尔斯·巴希 摄

砂壳纤毛虫建造并装饰它们的壳

砂壳纤毛虫将壳建造为它们的庇护所。每个种类的壳
都有独特的形态特征。有的像不透明、带有装饰的罐子：

1. 沙氏类铃虫（*Codonellopsis schabi*），
2. 秀致网袋虫（*Dictyocysta lepida*），
3. 大腹领细壳虫（*Stenosemella ventricosa*）。

有的像透明的管子：

4. 罗氏平顶虫（*Xystonella lohmanni*），
5. 尖锐号角虫（*Salpingella acuminata*），
6. *Rhizodomus tagatzi*。

壳很可能是纤毛虫为躲避捕食者而形成保护层。

约翰·杜兰　摄

1

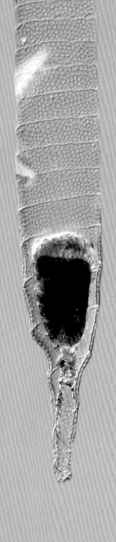

2　　　　3　　　　4　　　　5　　　　6

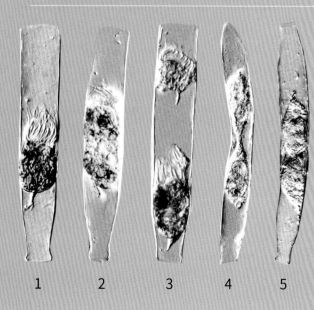

1　　2　　3　　4　　5

繁殖、分裂和接合

透过客居筒壳虫（*Eutintinnus
Inquilinus*）透明的壳，可以观察到
它的生活周期。

1. 花冠状纤毛"藏"于壳中。
2. 开始繁殖，分裂为两个虫体。
3. 分裂完成，上端的虫体会开始建
   一个壳。
4. 两个虫体接合的早期。
5. 两个虫体通过细胞质桥交换遗传
   物质。

约翰·杜兰　摄

有壳或无壳的领鞭虫

领鞭虫是一类微型的原生生物，最多只有约几微米大。它们有3个主要的科，包括约150个种，主要为海洋物种。Salpingoecidae和Anthocidae科的领鞭虫细胞外包裹着结构简单的壳或鞘。在Anthocidae科领鞭虫中，壳被硅质的肋条加固，如图中这个 *Plathypleura infundibuliformis*。它的硅质结构大小约10微米，能够过滤鞭毛摆动时附着在上面的颗粒。虫体则躲在壳的底部。

采自佛罗里达沿岸墨西哥湾流。

电子显微镜照片，珀·弗拉德 摄

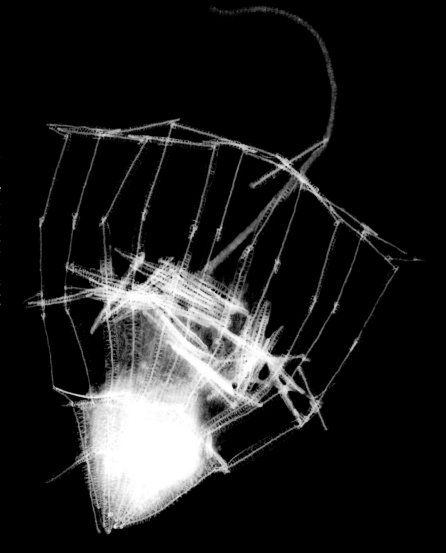

多细胞化的起源

领鞭虫的细胞有一个显著特征：一个微绒毛组成的冠状结构围绕着一根长鞭毛。由于肌动蛋白的存在，微绒毛能够摆动。这些肌动蛋白与人类肌肉中的肌动蛋白类似。微绒毛冠状结构具有运动和摄食的功能。每个领鞭虫是单生的个体，但有时候它们会用下端固着在其他物体上（对页）或聚集在一起。它们的群体生活可能成为了多细胞化的"先驱"。多细胞化是所有动植物的重要特征。

左：分裂后，*Salpingoeca rosetta*细胞椭圆的一端相互靠近，保持连结状态。黄色的小细胞是芽殖酵母（约2微米）。

扫描电镜图片，马克·戴伊尔 摄

（MARK@DAYEL.COM）

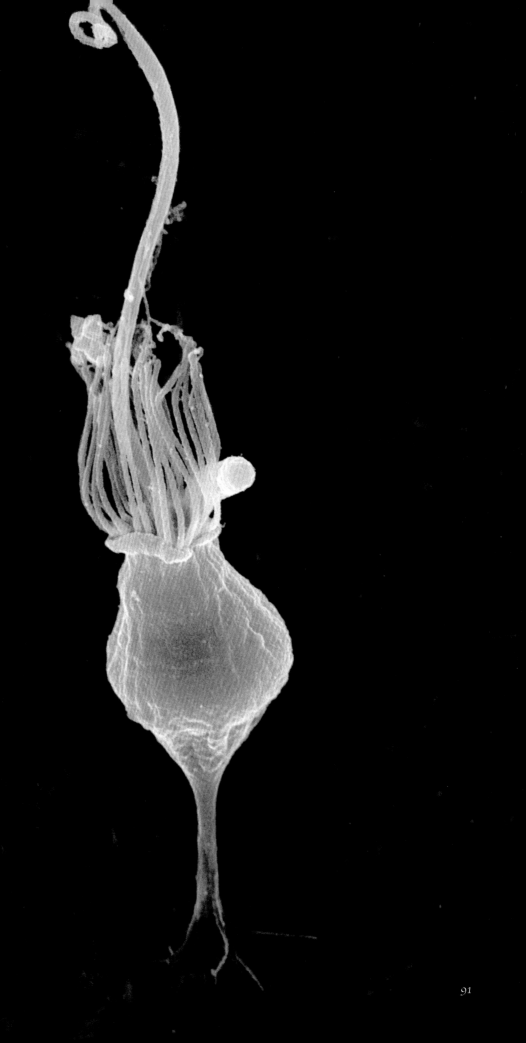

1厘米

栉板动物和刺胞动物

古老的生命形式

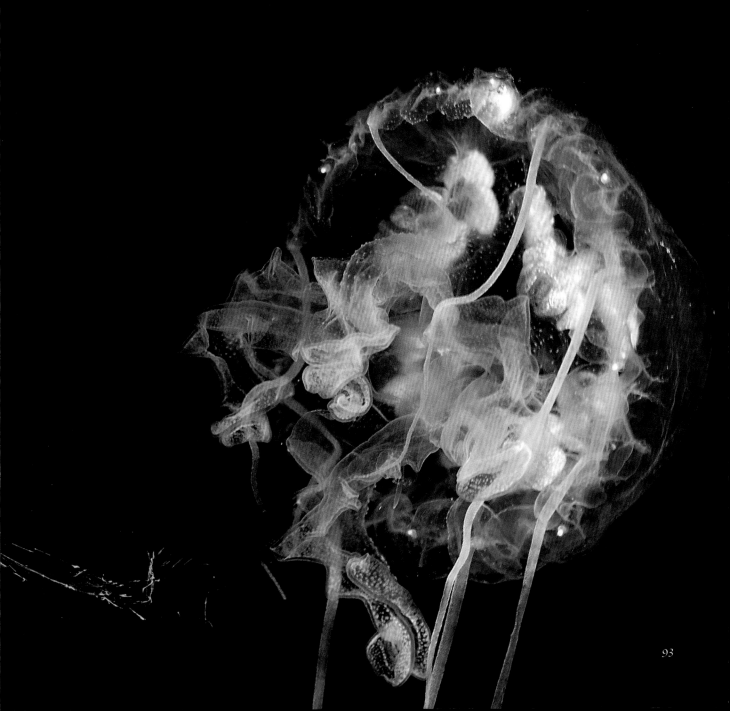

栉板动物

食肉的栉水母

栉板动物，又称栉水母，是动物界中的一个门。大洋中已知的 200 种栉水母中，几乎所有的都是营浮游生活，许多漂浮生活在深渊中。栉水母并不是我们通常所说的"水母"，尽管它们外形极为相似，大多都有透明、胶质的身体和触手，但二者分别属于栉板动物门和刺胞动物门（见102页）。栉水母显著区别于水母的一个特征是，它有 8 列像梳子一样的栉板。栉水母也因此得名，其英文"ctenophore"来源于希腊语"ctenos"和"phoros"，意为"梳子"和"携带者"。栉板由数以千计的纤毛紧密排列形成。纤毛摆动时，它们像棱镜一样衍射出彩虹色的光。而且，纤毛摆动能够推动栉水母的身体运动，有时速度快且动作复杂，仿佛杂技表演。优美、苗条的带水母（*Cestum veneris*）正是这项运动的高手，被誉为"维纳斯的飘带"。

栉水母通过平衡囊来保持平衡和控制方向，类似于人类内耳中控制平衡的感觉器官——耳石。栉水母的平衡囊呈圆顶形，位于口的对侧，利用细小的碳酸钙颗粒感应重力，之后将信号传导给一个简单的感觉神经元网络。原始的神经系统控制着栉水母的一系列行为，包括游泳、摄食和繁殖。

水母的触手上有刺细胞，而栉水母用的却是"胶水"。栉水母的触手上布满了有黏性的细胞，称为黏细胞，用来诱捕猎物。侧腕水母（*Pleurobrachia*）是一种俗称为"海洋醋栗"或者"猫眼"的栉水母。它能够不断伸缩两只长长的、有分枝的触手来捕获食物。侧腕水母是一种运动缓慢的大型栉水母，它舞动两个巨大的口瓣将食物聚集到黏性触手附近。有些栉水母没有触手，如瓜水

克里斯托弗·格里克 摄

母（*Beroe*），它们主动出击猎捕而非诱捕食物。瓜水母的纤毛排列紧密，组成像牙齿一样的锋利结构。即使猎物的个头比自身大许多，捕食时它们也能从容应对：张开大口，继而攻击、咬住并吞下猎物。对于同类相食的瓜水母来说，最喜爱的食物就是其他栉水母。

栉水母的繁殖和发育也颇有特点。它们是雌雄同体，每个个体既能产生卵子又能产生精子，并将它们储存在 8 列栉板下的 8 条生殖腺中。栉水母每天会向海水中释放大量雌雄配子。受精时，可能会有多个精子进入卵子，但只有一个精子的细胞核能够与卵子的细胞核融合。栉水母发育周期短，例如，侧腕水母仅需要数天就能从受精卵发育为具有黏性触手的幼虫。对于瓜水母来说，一旦发育至幼体，它便立即开始猎捕食物。

维纳斯的飘带
扭动的带水母（*Cestum veneris*）

塔拉海洋科考期间，克里斯托弗·格瑞希在加拉帕戈斯群岛附近海域潜水时拍摄。

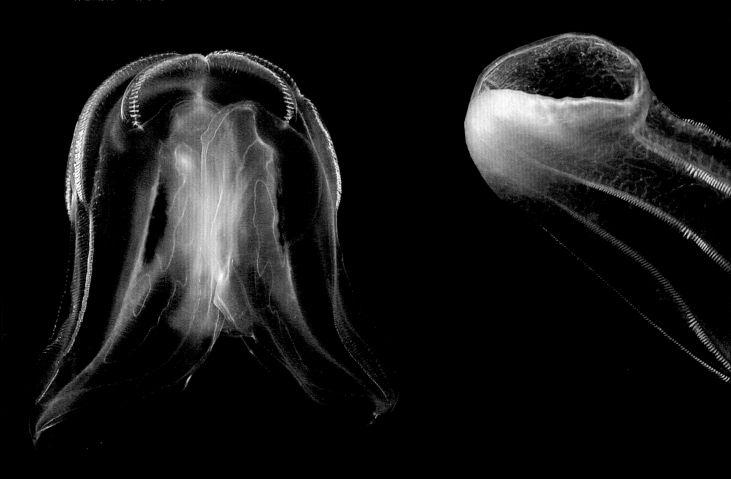

斑点蝶水母（*Ocyropsis maculata*）是栉水母的一种，有两片肥厚的口瓣，上面有许多深棕色的小点。

凯西·唐恩摄于美国大西洋沿岸海域。

卵形瓜水母（*Beroe ovata*）幼体。这种没有触手的栉水母常以同类为食，贪婪地吞食其他栉水母。

采自滨海自由城海湾。

克劳德·凯利 摄

Beroe forskalii，是瓜水母属的一个种类，没有触手，能够袭击并捕食其他栉水母。

凯西·唐恩摄于美国大西洋沿岸海域。

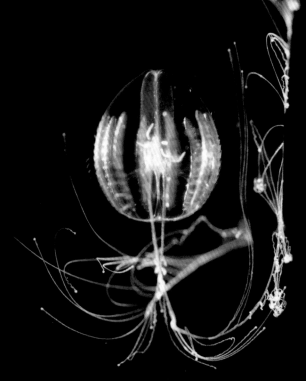

侧腕水母（*Pleurobrachia* sp.），俗称"海醋栗"，利用两条长长的触手捕捉小型猎物。

采自滨海自由城海湾。克劳德·凯利 摄

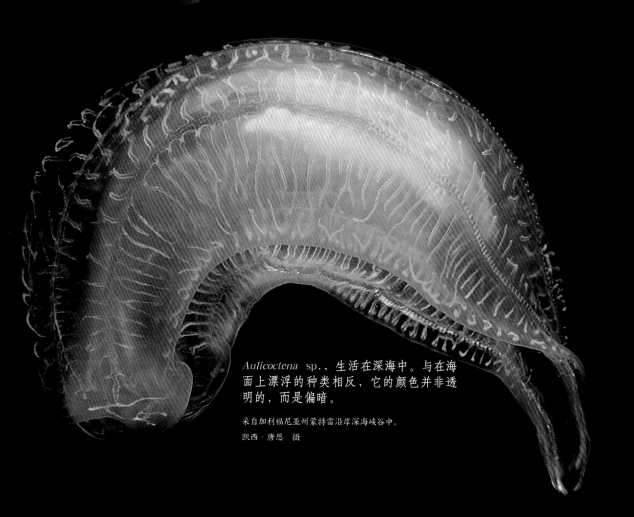

Aulicoctena sp.，生活在深海中。与在海面上漂浮的种类相反，它的颜色并非透明的，而是偏暗。

采自加利福尼亚州蒙特雷沿岸深海峡谷中。

凯西·唐恩 摄

发出彩虹光的栉板

栉水母的英文名源于希腊语"ctene"，指的是由数千个紧密相连的纤毛组成的迷你梳子。梳子在胶质表面排成8列，即栉板。栉板上的纤毛由微管组成，与人类细胞中的微管组成相似。一个简单的神经系统控制栉板有节律地运动，像细小的棱镜一样，衍射出彩虹色的光。

照片借助闪光灯拍摄。

克里斯蒂安·萨尔代和谢里夫·莫沙克　摄

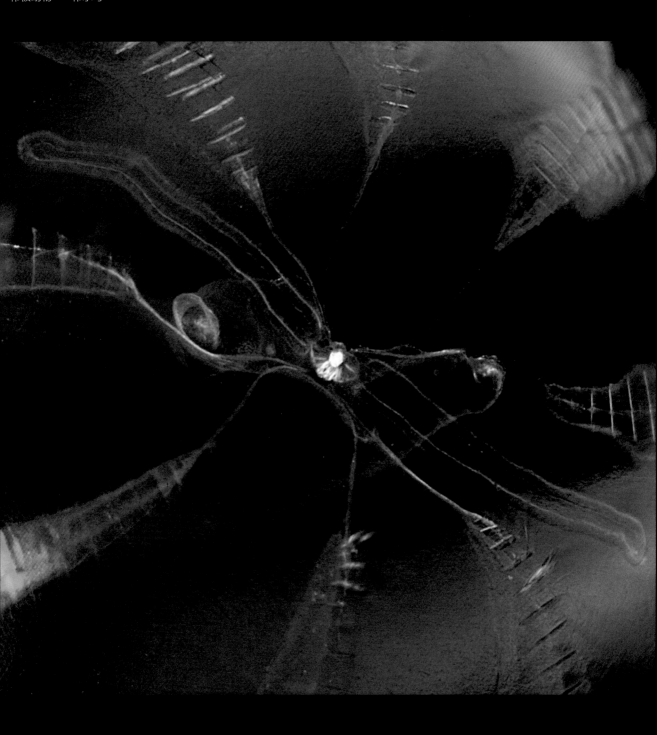

平衡感

栉水母利用一种叫平衡囊的器官来感知方向
并保持平衡。平衡囊具有一个圆顶，内有1个
平衡石和4条被称为感觉棒的纤毛束。平衡石
由感觉棒支撑着，里面充满了细小的碳酸钙颗
粒（右图）。
平衡囊通过感应碳酸钙颗粒的运动并向神经
网络传递信号。这个简单的神经网络控制并
调节栉板的运动。

克里斯蒂安·萨尔代和海里夫·莫沙克 摄

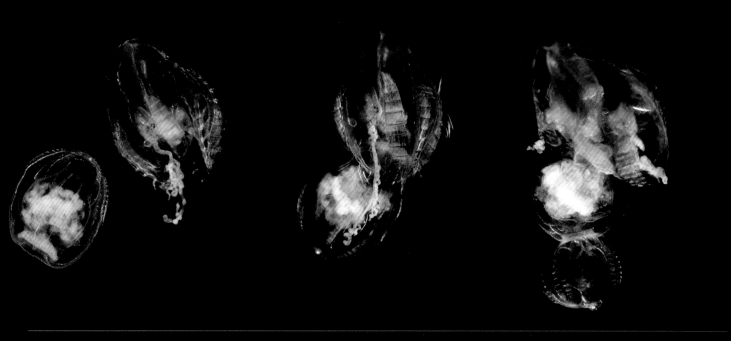

钓或咬

上：一只无触手的栉水母幼体正在袭击一个个头比自己大、有触手的栉水母幼体。

摄于日本下田。

右：栉水母触手的放大图，上面布满了黏细胞，像"钓鱼"一样捕捉小猎物。

下：我们拍摄这段画面时，视野中有两只栉水母，一只是个头较小、无触手的卵形瓜水母（*Beroe ovata*），另一只是个头较大、有触手的 *Leucothea multicornis*。刚开始二者并排挨着，相安无事。突然，瓜水母咬了一口 *Leucothea* 并吞下其包括栉板在内的一大块。

克里斯蒂安·萨尔代和诺埃·萨尔代摄于滨海自由城。

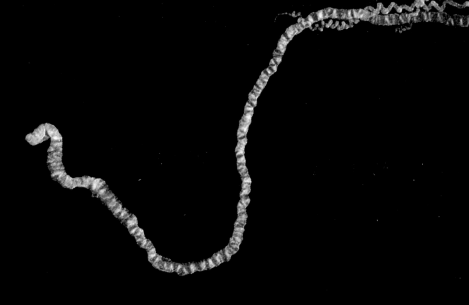

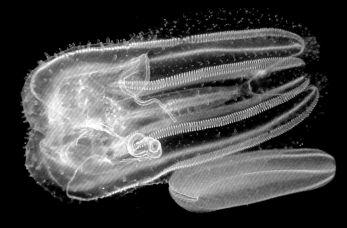

水母

生存高手

水母，英文俗称"jellyfish"。这一类浮游生物为人们所熟知，可大多数时候却是因为它们的"坏名声"。若被一些种类刺蛰后，会有强烈的灼烧感，例如游水母（*Pelagia*），又名紫水母。还有一些种类是极其危险的，例如著名的海蜂水母（*Chironex*），又名箱水母。它们的刺细胞释放毒素，每年因此致死的人数甚至比遭鲨鱼袭击致死的人数还多。刺细胞是刺胞动物门生物的典型特征。刺胞动物包括水母、管水母、海葵和珊瑚。浮游生物中，体型最大的捕食者就是刺胞动物门的水母、管水母，以及栉板动物门的栉水母（见 94 页）。这些肉食性胶质动物与鱼类、海洋哺乳动物争夺它们共同的食物——浮游动物。

有些水母的体型巨大，如中国海的沙海蜇（*Nomura*）。沙海蜇偶尔会被渔网捕到，由于体型巨大且数量多，有时候会导致拖网渔船超负荷而翻船。但是，在 3500 种已知的水母种类中，绝大部分不能通过肉眼观察到，必须依靠显微镜。例如，软水母亚纲中的一种——半球美螅水母（*Clytia hemispherica*），只有一枚小硬币大小。半球美螅水母易于在实验室培养，生物学家可利用它从多方面研究水母超强的生存和适应能力，包括有性生殖、出芽、再生甚至是"永生"，如一种"长生不老"的小型水母——灯塔水母（*Turritopsis*）。

在海洋生物中，刺胞动物的生活史最为复杂多变，最为典型的水母生活史包括有性的水母型和无性的水螅型世代交替，如卵、精子→受精卵→浮浪幼虫→水螅体→水母体。以美螅水母（*Clytia*）为例，它们的水螅群体附着在藻类、礁石或贝壳表面，螅茎的上端有胶质囊或触手，看起来如同水下盛开的花。群体中有触手的水螅体负责捕食，并将食物送入口内。而另一些为生殖体，不断通过出芽生成小水母。出芽后，小美螅水母离开水螅群体，开始了浮游生活并寻找猎物。雌雄美螅水母的生殖腺位于胶质的伞部下方，每天清晨释放出精子或卵子。精子和卵子在海水中结合，受精卵发育为胚胎，继而形成卵圆形的幼虫，称为浮浪幼虫。浮浪幼虫表面覆盖着一层薄薄的纤毛，经过一段浮游生活后，固着在物体上并形成新的水螅群体。新的水螅群体开始摄食、生长，继而出芽生成小水母，称为碟状幼体。

但是，水螅型世代并非存在于所有水母种类的生活史中。有些种类，如游水母（*Pelagia*）和小舌水母（*Liriope*）直接由胚胎发育而成。雌雄游水母释放出大量卵子和精子，受精卵在一天之内分裂形成胚胎并直接发育成浮浪幼虫。浮浪幼虫开始生长、发育，生成口、8 个缘瓣，逐步形成触手和感觉器官，并在口周围生成 4 条口腕。一个粉色或紫色的、会蛰人的家伙就这么诞生了！

地中海最大的水母

一种根口水母 *Rhizostoma pulmo*，属于刺胞动物门，水母亚门，钵水母纲。它的伞部巨大，直径可达 1 米。它的学名源于希腊语"rhiza""stoma"和"pulmo"，分别意为"手臂""口"和"肺"，意思是"像肺一样的颊侧臂"。

图片由谢里夫·米沙克在滨海自由城湾潜水时拍摄。

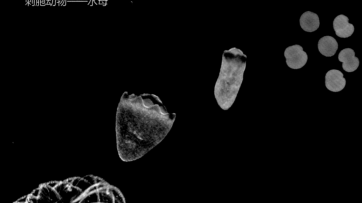

游水母：从卵到水母

与绝大多数水母不同，游水母(*Pelagia*)并不是从水螅体上出芽生成，而是直接从受精卵发育为水母。雌雄水母成群生活，每天释放大量配子。卵子在水中受精，在半天内即发育成火箭形状的浮浪幼虫。若干天后，每个浮浪幼虫变为一个碟状幼体，伞缘分为8个缘瓣，每片的边缘上有一个金色的小点，即触手囊（或称平衡棒）。触手囊内有多个感觉器官。碟状幼体能够捕食小型甲壳动物并逐渐长大。几周后，它发育生成8条触手并在口的周围长出4条口腕。雌雄生殖腺出现后，游水母即告成熟，开始孕育新生命，开启新一轮生活周期。

游水母由玛丽塔·费拉里斯培养于实验室中。

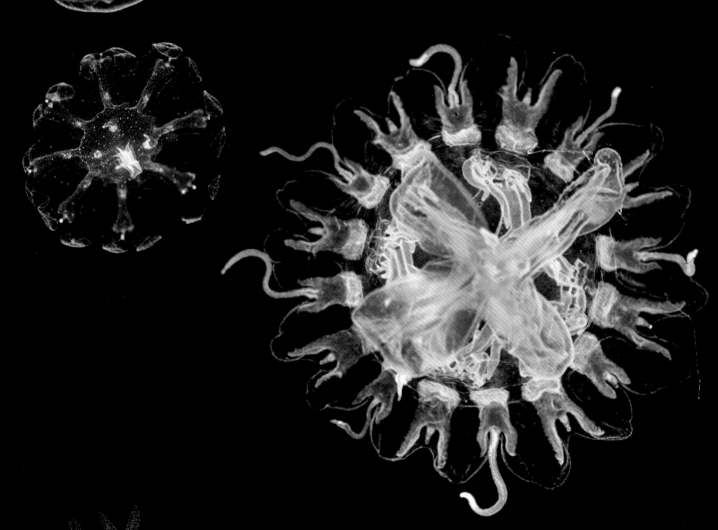

水母的肌肉

碟状幼体8个缘瓣的基部有一个环形肌肉带。如图所示：肌动蛋白，即组成所有肌肉纤维的主要蛋白质成分，经指示染剂染色后呈现红色荧光。

水母由瑞贝卡·海姆进行水母染色并拍摄。

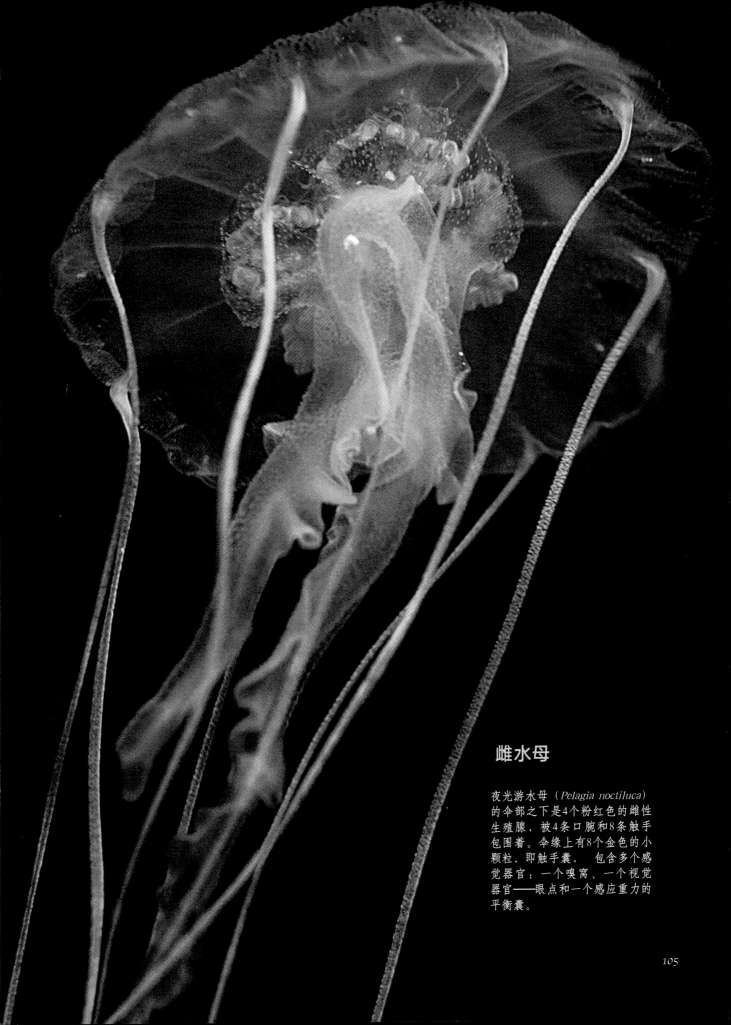

雌水母

夜光游水母（*Pelagia noctiluca*）的伞部之下是4个粉红色的雌性生殖腺，被4条口腕和8条触手包围着。伞缘上有8个金色的小颗粒，即触手囊，包含多个感觉器官：一个嗅窝、一个视觉器官——眼点和一个感应重力的平衡囊。

美螅水母：
从卵、水螅体到水母体

半球美螅水母（*Clytia hemisphaerica*）是一种小型的水螅水母。如107页下方的系列图所示，它需要经历水螅型世代并出芽产生小水母。

右：一只雌性（♀）和一只雄性（♂）美螅水母。每个伞部有四个生殖腺，能释放卵子或精子（见伞部下方放大图）。受精作用发生在水中。受精卵迅速分裂并在一天内发育成卵圆形、有纤毛的浮浪幼虫。浮浪幼虫将附着在固着物上，几天后长成一个新的水螅群体。

水母由百濑津吉和伊芙琳·休里斯顿培养于实验室中。

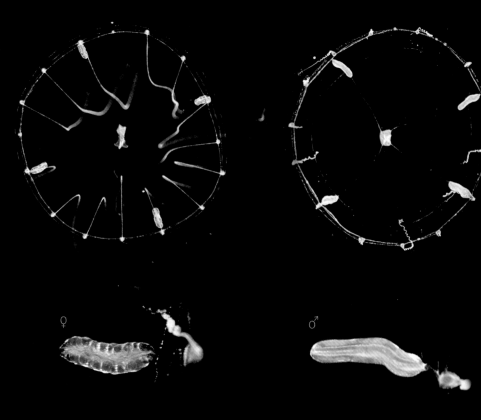

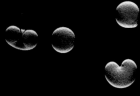

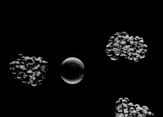

实验室里的小水母

在过去10年里，科学家们一直在寻找一种易于在实验室培养、适合于研究水母细胞及分子过程的模式生物。试验过许多种类后，发现美螅水母是最佳选择。科学家已鉴定出许多调控美螅水母发育的基因，并在进行基因组测序。

百濑津吉　摄

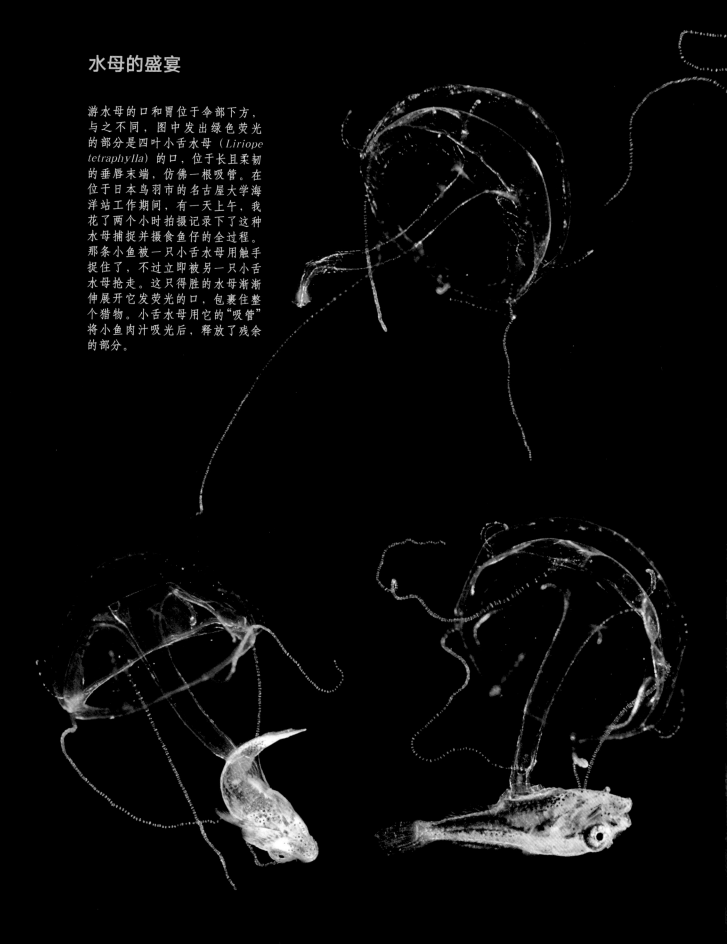

水母的盛宴

游水母的口和胃位于伞部下方，与之不同，图中发出绿色荧光的部分是四叶小舌水母（*Liriope tetraphylla*）的口，位于长且柔韧的垂唇末端，仿佛一根吸管。在位于日本鸟羽市的名古屋大学海洋站工作期间，有一天上午，我花了两个小时拍摄记录下了这种水母捕捉并摄食鱼仔的全过程。那条小鱼被一只小舌水母用触手捉住了，不过立即被另一只小舌水母抢走。这只得胜的水母渐渐伸展开它发荧光的口，包裹住整个猎物。小舌水母用它的"吸管"将小鱼肉汁吸光后，释放了残余的部分。

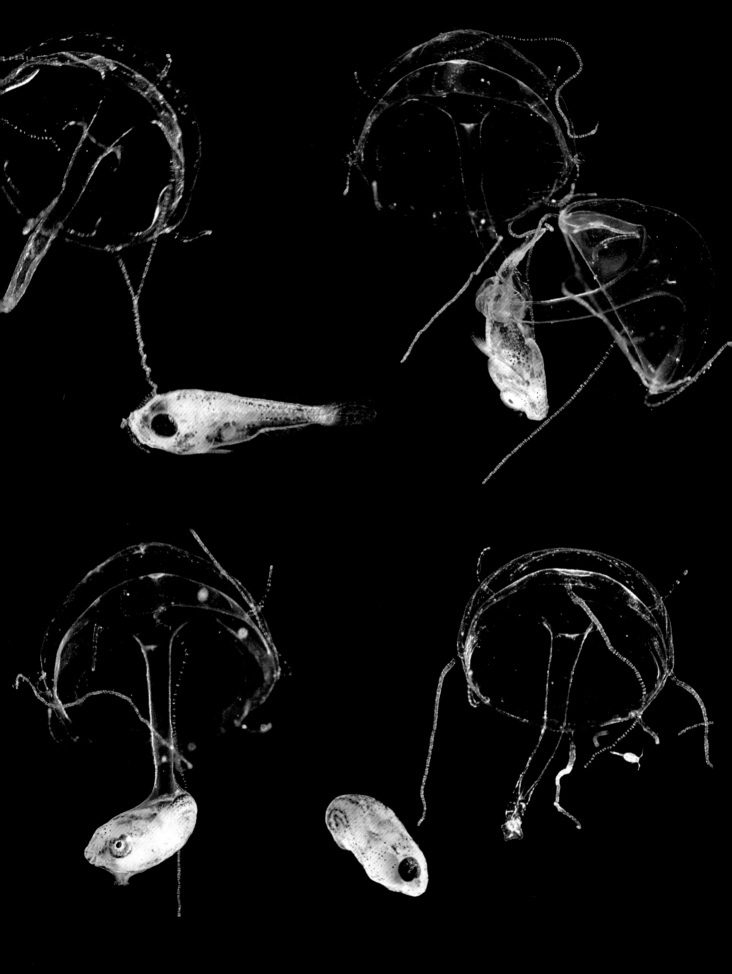

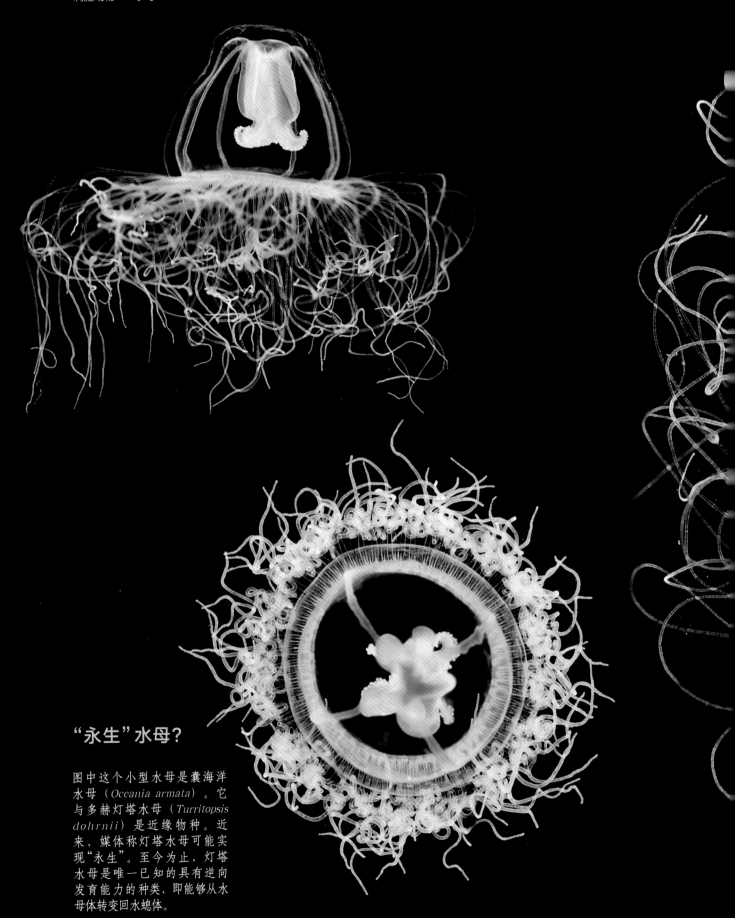

"永生"水母？

图中这个小型水母是囊海洋水母（*Oceania armata*）。它与多赫灯塔水母（*Turritopsis dohrnii*）是近缘物种。近来，媒体称灯塔水母可能实现"永生"。至今为止，灯塔水母是唯一已知的具有逆向发育能力的种类，即能够从水母体转变回水螅体。

大卫·吕屈埃在潜水时采集。

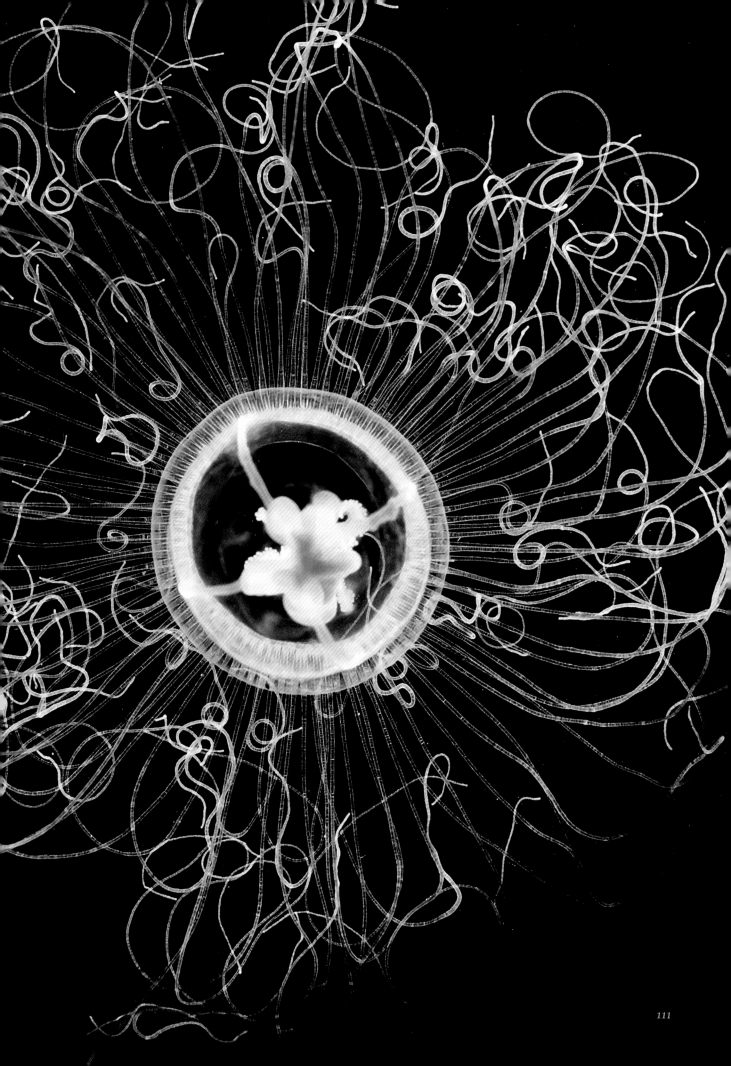

管水母

世界上最长的动物

鲸鱼是世界上最大的动物，而管水母是世界上最长的动物。例如，钟泳目管水母——帕腊水母（*Praya*）和胞泳目管水母——离翼水母（*Apolemia*），二者的长度均超过 30 米。声名狼藉的僧帽水母（*Physalia*），俗称葡萄牙军舰水母，它有毒的触手可长达几十米。火箭形状的钟泳目管水母，例如爪室水母（*Chelophyes*）尽管个体相对较小，但是触手也很长。

管水母是刺胞动物门，水母亚门，水螅水母纲中的一个亚纲。刺胞动物门还包括水母、海葵和珊瑚。已知的 175 种管水母几乎都营浮游生活，而且是肉食性的，许多生活在深海中。管水母是高度多态的群体生物，每个群体都是由多个特化的个体——个虫群聚组成。所有的个虫由同一个胚胎发育而成且拥有相同的基因组，但形态和功能各不相同。一体多态且各有分工是管水母与其他群体动物最大的区别。

管水母通过出芽不断产生新的个虫，从而扩张群体或替代脱落、被捕食者吃掉的部分。一个群体上的所有个虫由一条"脐带"连结在一起，这条"脐带"被称为生殖根。个虫沿着生殖根成组排列，各组中不同功能的个虫排列顺序相同。各种个虫包括营养体（也称营养个虫）、浮囊体、泳钟体和生殖体（也称生殖个虫）。营养个虫，通过伸出细长、长有刺细胞的触手捕捉甲壳动物、软体动物、幼虫，甚至鱼类。触手收缩时，它将猎物送至口和消化器官，并通过生殖根向整个群体输送

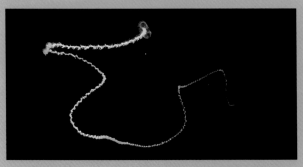

皮尔·弗勒德 摄

营养物质。浮囊体在管水母的最顶端，充满气体时，可以使群体漂浮。泳钟体是管水母的游泳器官。但是，钟泳目管水母没有浮囊，它们通过收缩泳钟群聚在一起，释放出许多被称为合体群的个虫，合体群能发育形成水母型的单营养体，内含雌雄配子。

雌性和雄性生殖个虫形似小水母，它们将大量精子和卵子释放到海水中。那么，这些配子在广袤的大洋里是如何相遇并成功受精的呢？事实上，卵子释放出一种特殊的分子，能够吸引同一种类的精子。精子识别卵子后，会聚集在卵子表面特定的位置，以实现受精。之后，受精卵发育为胚胎并迅速出芽生成第一个个虫，使群体和种群繁衍生息。

一只胞泳目管水母

这是一只胞泳目管水母，名为小型水母（*Nanomia cara*），由约翰逊海洋链接二号（Johnson Sea Link II）深潜器在美国缅因湾600米水深处采集。这个种类大小从20厘米到2米不等，有很长的触手。图中右下方的橙色生物是它们最喜欢的食物——桡足类飞马哲水蚤（*Calanus finmarchicus*）。

珀·弗拉德 摄

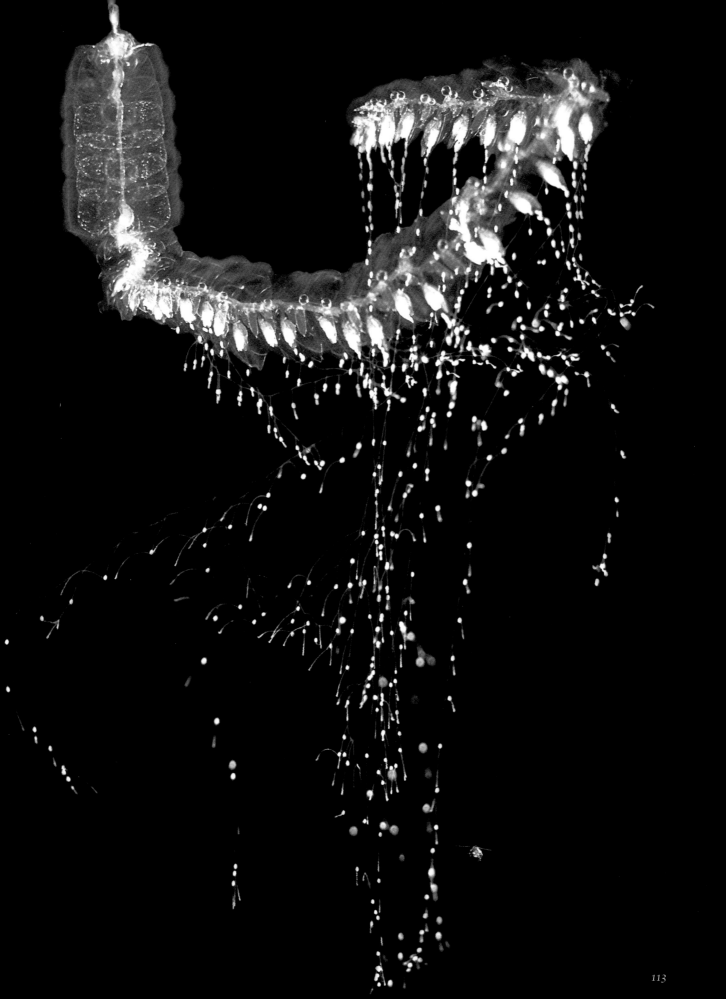

下图所示的锥体浅室水母（*Lensia conoidea*）是一种小型管水母，有两个形似火箭、可伸缩的泳钟，推动整个群体前进。泳钟下方是一个由生殖体和营养体组成的营养部。图中营养体上的触手呈收缩状态（见116、117页）。

采自滨海自由城海湾。

左侧两幅图中所示的马蹄水母（*Hippopodius hippopus*）是一种自由漂浮的钟泳目管水母，大小约5厘米。它的泳钟是透明的，但一旦受到轻微的刺激，就会变得浑浊，这可能是一种防御机制。在下方的这幅图中，马蹄水母的泳钟后部仍是透明的，但是前端正在变浑浊。

由斯蒂芬·希伯特在滨海自由城采集并拍摄。

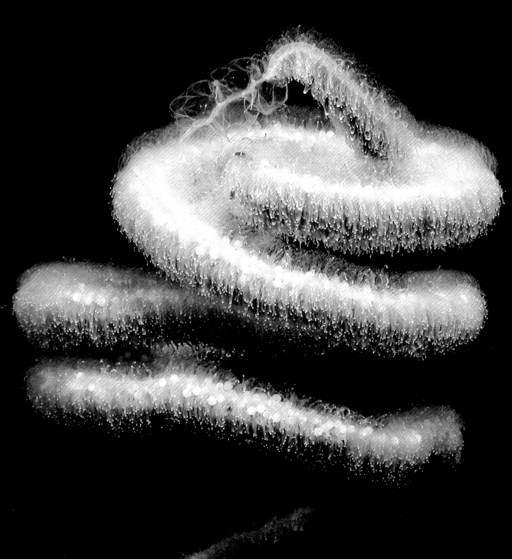

*Apolemia lanosa*是一种大型的管水母，属于胞泳目，离翼水母科，离翼水母属。它的一端是多个半透明的泳钟。这些泳钟与一个由多营养体组成的营养部相连。图中，营养体上的触手呈收缩状，整个群体卷曲呈螺旋形。图中一个个白色的小球是包裹在生殖体中的卵。该离翼水母是在蒙特雷湾的一个峡谷中被拍到，只有几米长。但是最大的离翼水母可长达30米。

照片由美国蒙特利湾海洋研究所深潜器Tiburon拍摄于1000米水深处。

直蕉马鲁水母（*Marrus orthocanna*）是一种胞泳目管水母，由深潜器采集自缅因湾的深海区。其顶端是一个红色、充满气体的浮囊体，连着4个半透明的泳钟和一个由营养体组成的营养部，图中营养体的触手未完全展开。

凯西·唐恩 摄

115

钟泳目管水母

爪室水母（*Chelophyes appendiculata*），长
1～2厘米，在两个火箭形泳钟收缩运动
的驱动下，像飞镖般地快速移动。它粉
红色的触手在图中呈收缩状。爪室水母
和对页所示的浅室水母一样，都是利用
布满刺细胞的触手捕捉猎物。

采自法国滨海自由城海湾。

"会钓鱼"的管水母

钟泳目管水母，例如这只锥体浅室水母（*Lensia conoidea*，见114页的放大图），利用长长的触手像钓鱼一样捕捉小型甲壳动物——图中的白色小颗粒。它们通过收缩触手把猎物拉向营养体的口。

采自滨海自由城海湾。

气囊水母——
"夏威夷草裙"管水母

气囊水母（*Physophora hydrostatica*）是一种形态优美的管水母，长10～20厘米。

右图从上到下依次为：一个充满气体的小浮囊，两排泳钟，多个橙粉色的指状体。指状体围成一圈，像一条"夏威夷草裙"，"指尖"上有用于防御的刺丝囊束。在"草裙"的下方，是一个营养部，由营养体和生殖体组成，形状如同一个个小包。

大卫·罗贝尔摄于美国加利福尼亚州蒙特雷湾。

下方的放大图：触手上螺旋状的结构被称为触手丝，由多种类型的刺细胞组成。

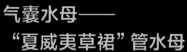

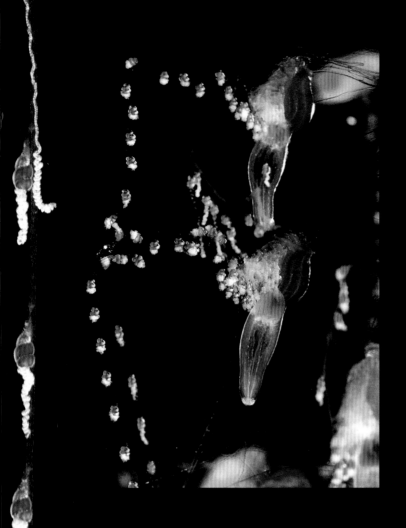

歪钟水母（*Forskalia*），
一种地中海的常见水母

左上：触手上缠绕着红色和白色的刺丝囊束。不同类型的刺细胞会向猎物注射毒素并将其缠绕。触手收缩将食物（甲壳动物、幼虫和小鱼）送到营养体的口中。

中上放大图：触手包围着排空的营养体。

右上放大图：吞入仔鱼后，两个营养体的体积增至原先的3倍，图中仍可见绿色的鱼眼。

下：处于收缩状态的触手。当触手完全伸展时，歪钟水母（*Forskalia edwardsi*）的长度可以超过数米。

采自滨海自由城海湾。右上图由诺埃·萨尔代 摄

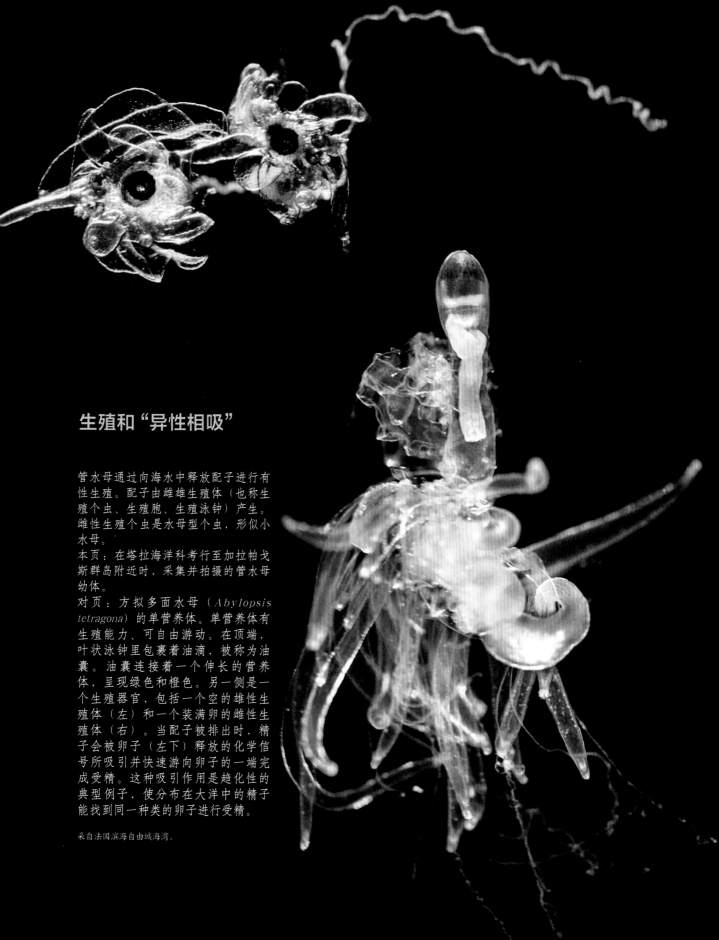

生殖和"异性相吸"

管水母通过向海水中释放配子进行有性生殖。配子由雌雄生殖体（也称生殖个虫、生殖胞、生殖泳钟）产生。雌性生殖个虫是水母型个虫，形似小水母。

本页：在塔拉海洋科考行至加拉帕戈斯群岛附近时，采集并拍摄的管水母幼体。

对页：方拟多面水母（*Abylopsis tetragona*）的单营养体。单营养体有生殖能力、可自由游动。在顶端，叶状泳钟里包裹着油滴，被称为油囊。油囊连接着一个伸长的营养体，呈现绿色和橙色。另一侧是一个生殖器官，包括一个空的雄性生殖体（左）和一个装满卵的雌性生殖体（右）。当配子被排出时，精子会被卵子（左下）释放的化学信号所吸引并快速游向卵子的一端完成受精。这种吸引作用是趋化性的典型例子，使分布在大洋中的精子能找到同一种类的卵子进行受精。

采自法国滨海自由城海湾。

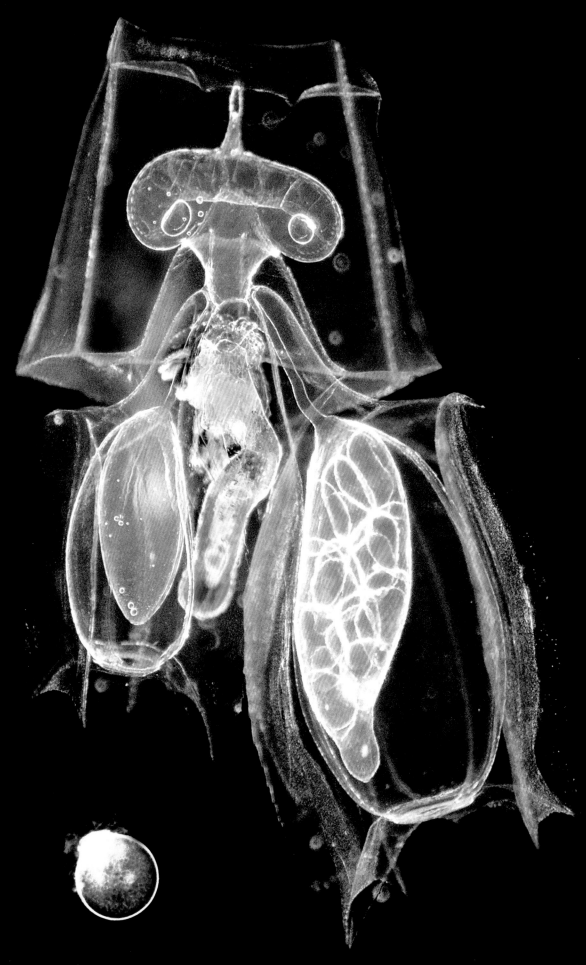

帆水母、银币水母和僧帽水母

浮游生物界的水手

你是否见过一大群蓝色的小"帆船"在海面上漂浮？它们很可能就是帆水母（*Velella*）或银币水母（*Porpita*）。帆水母有三角形的帆板和亮蓝色的浮囊，看起来就像一艘迷你帆船，因此得名"迎风航行的水手"。帆水母的帆板可以向左右倾斜，所以"迷你帆船"能够随风向航行。在地中海，与其他刺胞动物门的水母一样，帆水母通常出现在春末。在风的推动下，它们最终会抵达海岸，沿着海滩形成一条蓝色的边缘。

帆水母、银币水母以及更大的被称作"葡萄牙军舰水母"的僧帽水母（*Physalia*），都是由多个水螅体组成的群体生物。水螅体位于充满气体的浮囊下方。僧帽水母的浮囊下有触手，可以延伸至几十米长，上面布满有毒的刺细胞，能够刺入并麻痹鱼类及各类浮游动物。猎物被送入营养个虫的口中，被吞食、消化，并向整个群体提供养料。

僧帽水母通过排空浮囊中的气体，下沉潜入水中，以躲避捕食者，如海龟或海神鳃（*Glaucus*）。海神鳃，俗称"蓝龙"，是一种形态优美的裸鳃目软体动物。这些贪吃的软体动物"侵占"僧帽水母的刺细胞，将其变为自己的武器。另一种捕食者，水孔蛸（*Tremoctopus*），俗称"毯子章鱼"，天生就对僧帽水母的毒素免疫，因此它可以"窃取"僧帽水母的触手作为自己的防御武器。

克里斯蒂安·萨尔代及谢里夫·莫沙克 摄

在帆水母的浮囊下方，短触手和生殖体围绕着一个主营养体。它捕食鱼的胚胎和幼体、小型的胶质浮游动物和甲壳动物。帆水母是翻车鲀（*Mola mola*，俗称"太阳鱼"）和海蜗牛（*Janthina janthina*，俗称"紫螺"）的食物，后者经常藏匿在海洋表面的泡沫中。

帆水母进行有性生殖，它们的生殖体出芽生成雌雄水母体。水母体个体极小，与看似黄色小点的微藻共生。水母体下沉到深海中生长、发育，产生精子和卵子。尽管帆水母受精和发育的机制尚不清楚，但其幼虫需要经过多个发育阶段，才能漂浮到水面上，随风"航行"。

帆水母的鸟瞰图

如果一只鸟飞过海面，它能够看到漂浮着的帆水母，就是下图这个样子。帆水母（*Vellela vellela*）大小约3厘米，在浮囊上方有一个帆板和一个蓝色触手形成的"花冠"。这幅图中间，透过浮囊可以看到数百个生殖体。这个帆水母的其中一只触手捉到了一个有孔虫。

春季采自法国滨海自由城海湾。
克里斯蒂安·萨尔代、谢里夫·莫沙克 摄

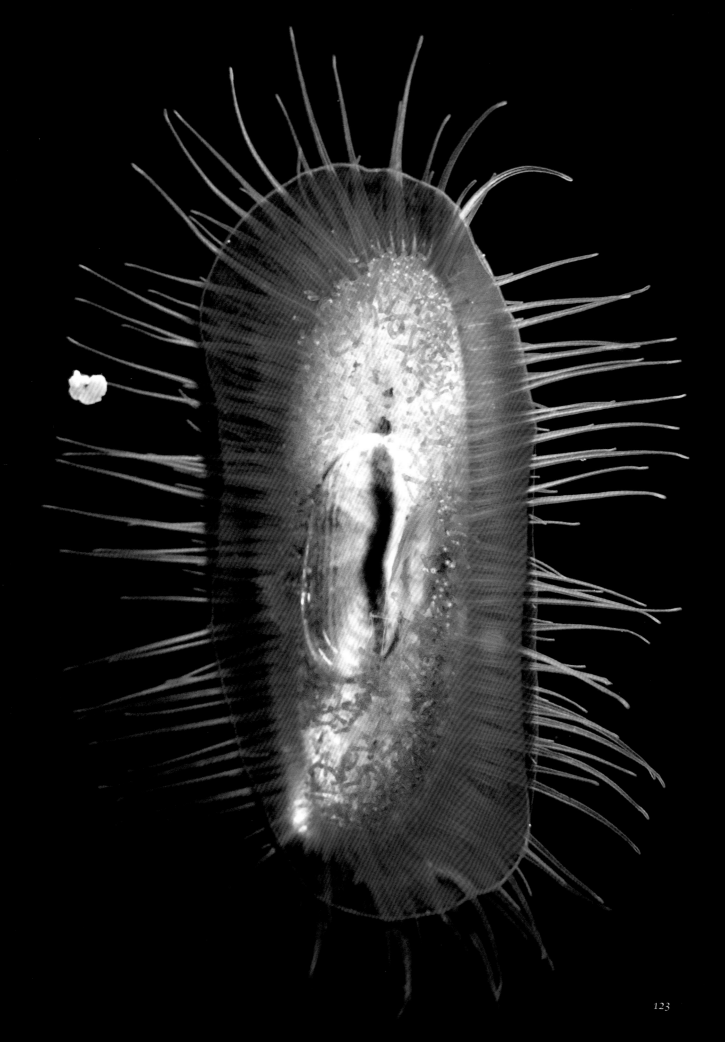

帆水母，蓝色交响曲

帆水母浮囊和触手的组织中有色素蛋白，因此呈现深蓝色（见对页放大图）。坚挺的三角形帆板和充满气体的管状浮囊由几丁质组成——一种化学成分与纤维素类似的多糖类物质。在海滩上、风干、卷曲的帆水母看起来就像纸片一样。

左：帆水母侧面观和底面观。浮囊下方是生殖体，产生新生的小水母。共生藻聚集形成图中黄色的斑点。

春季采自滨海自由城海湾。
克里斯蒂安·萨尔代、诺埃·萨尔代和谢里夫·莫沙克（潜水员）摄

生活史

帆水母的繁殖是从生殖体上
出芽形成微小的水母体（见
对页完整图）。水母体有4
条放射状的辐管和许多共生
的虫黄藻（黄点）。
右：一只帆水母幼体

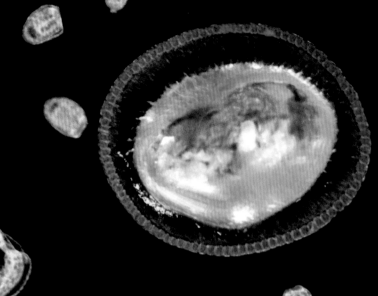

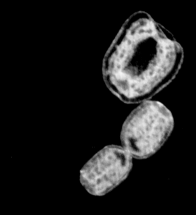

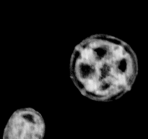

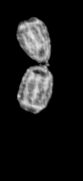

黄色的虫黄藻给帆水母提供
营养物质。科学家尚未完全
破解帆水母生殖过程中的各
个阶段。目前认为水母体沉
入深水后，产生雌雄配子。
受精后，早期幼虫开始发育
（下图）具有一个橙色的胃
囊，图中的早期幼虫正在发
育形成浮囊。

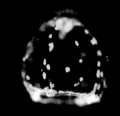

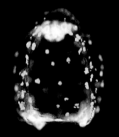

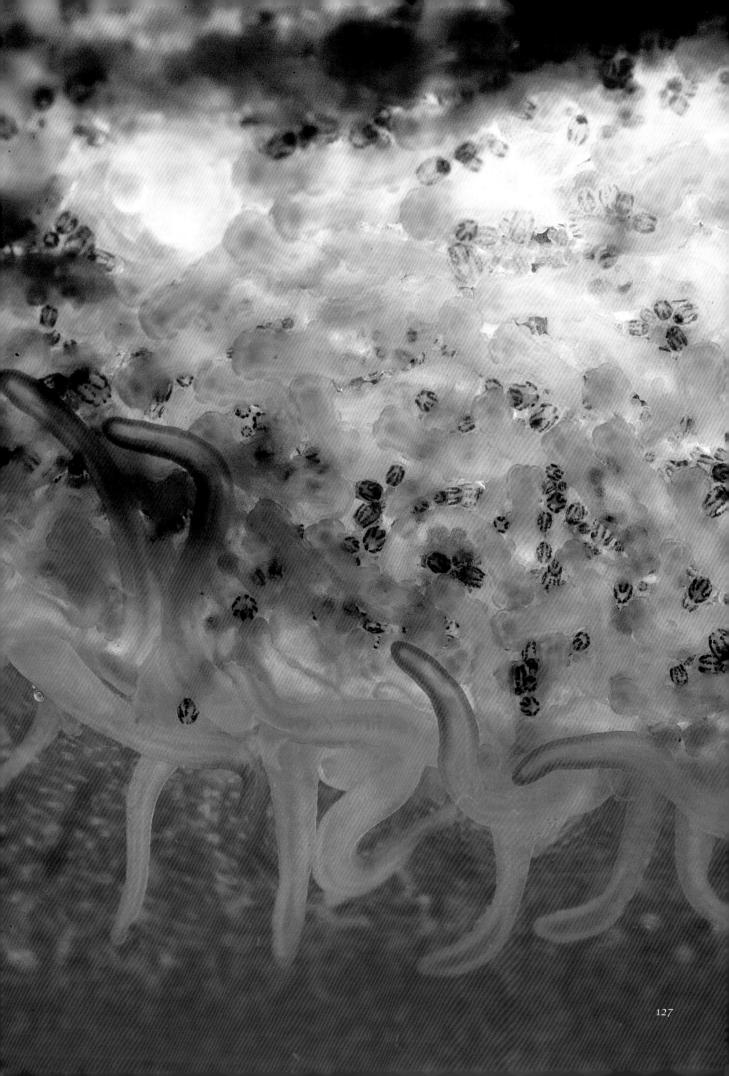

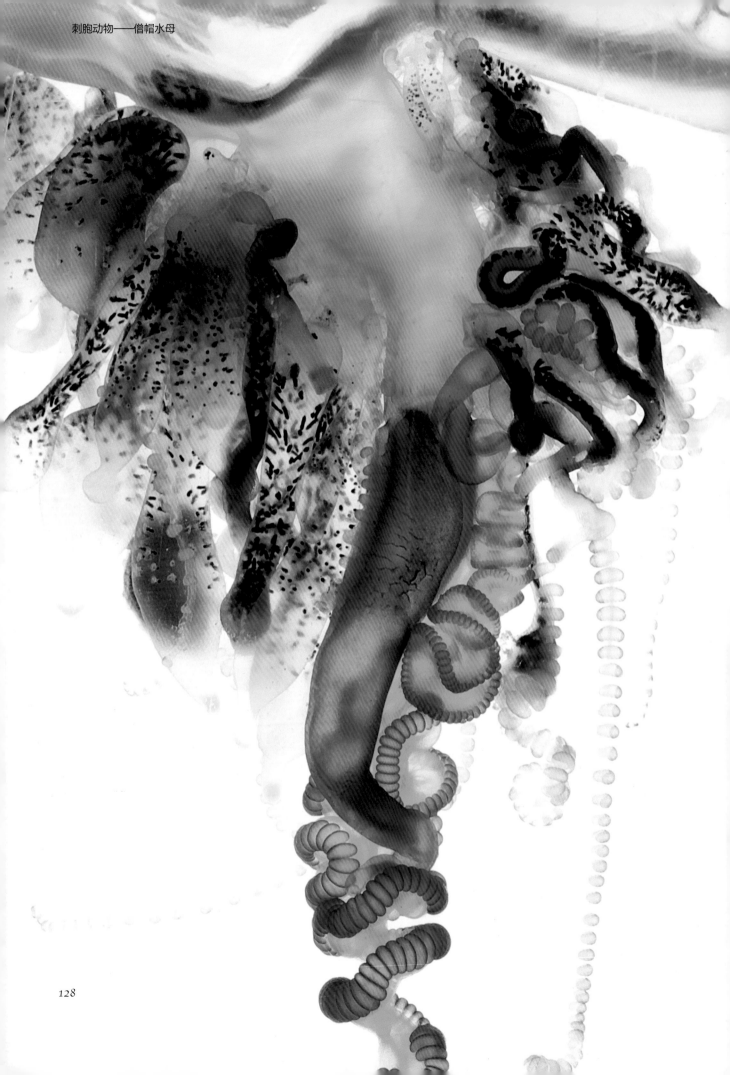

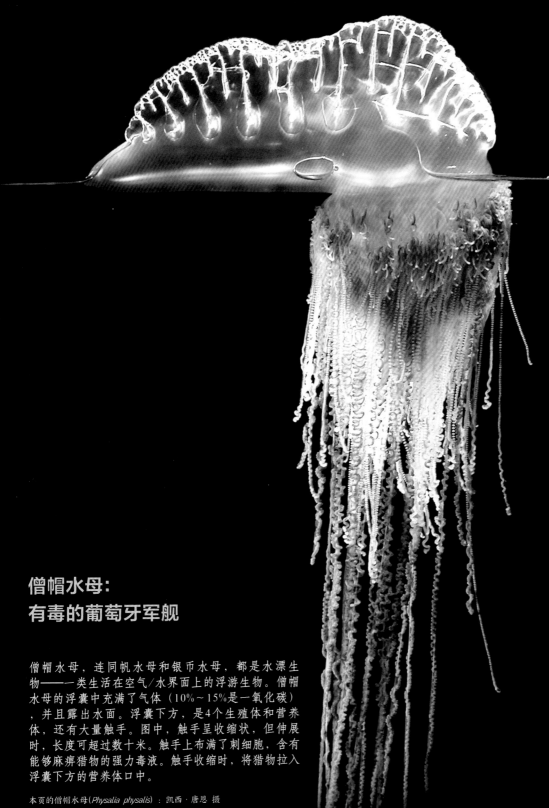

僧帽水母:
有毒的葡萄牙军舰

僧帽水母，连同帆水母和银币水母，都是水漂生物——一类生活在空气/水界面上的浮游生物。僧帽水母的浮囊中充满了气体（10%~15%是一氧化碳），并且露出水面。浮囊下方，是4个生殖体和营养体，还有大量触手。图中，触手呈收缩状，但伸展时，长度可超过数十米。触手上布满了刺细胞，含有能够麻痹猎物的强力毒液。触手收缩时，将猎物拉入浮囊下方的营养体口中。

本页的僧帽水母(*Physalia physalis*)：凯西·唐恩 摄
对页的僧帽水母：基奥基·斯坦德 摄
（来源www.marinelifephotography.com）

天敌

只有为数不多的生物能够捕食帆水母、银币水母和僧帽水母。

对页：一只海神鳃（*Glaucus*）正在袭击一只帆水母。海神鳃是一种裸鳃目软体动物，俗称"海龙"。

皮特·帕克斯 摄（来源www.imagequestmarine.com）

本页左图：在水面上的一堆气泡下，一只海蜗牛（*Janthina janthina*）正在捕食太平洋银币水母（*Porpita pacifica*）。海蜗牛是一种腹足纲软体动物。

基奥基·斯坦德 摄（来源www.marinelifephotography.com）

下图：一只翻车鲀（*Mola mola*）吞下了一只帆水母。

劳伦特·科隆姆拜特 摄

100微米（＝0.1毫米）

甲壳动物和软体动物
生物多样性之最

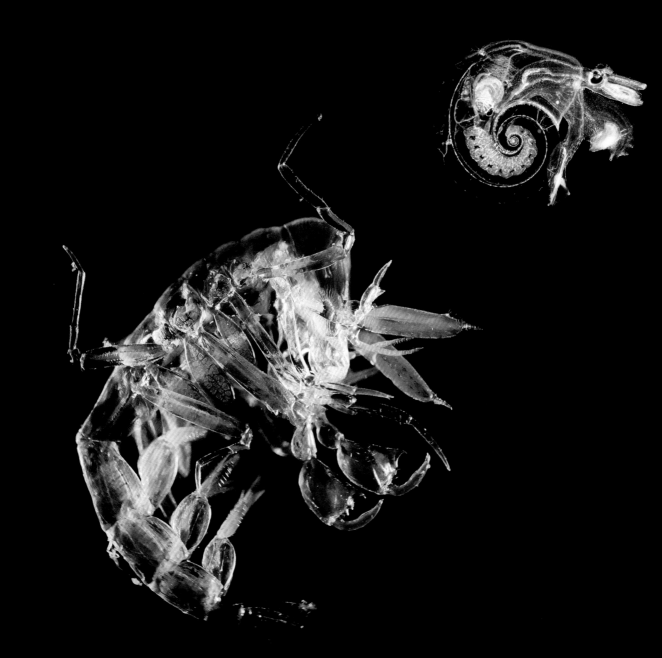

甲壳动物幼虫的蜕皮与变态发育

在海洋中的任何地方或深度，用浮游动物网拖网时，都能采集到无数大大小小的甲壳动物。网中的迷你虾蟹，肉眼虽可识别，但它们幼虫的形态却与成体迥异。例如，达尔文曾深入研究过的小甲壳动物藤壶，它们在礁石沿岸释放大量无节幼虫，这些幼虫与其固着生活的"父母"长得完全不同。

浮游生物网采集到的生物中，数量最多的通常是像小虾一样的桡足类。在繁殖期，成体和处于不同发育阶段的无节幼虫同时存在。桡足类的无节幼虫有 6 个发育阶段。其他甲壳动物，如十足类，包括虾、蟹和铠甲虾（也称"蹲龙虾"），也在数周或数月内经历多个浮游生活的幼虫发育阶段。

蟹类经历一个名为"溞状幼虫"的阶段，有大大的复眼、分节的尾部、多对附肢和带有利刺的几丁质外壳，用以抵御捕食者。有些附肢上覆盖着柔软的刚毛，用来捕食浮游植物。蟹的溞状幼虫需要经历多次蜕皮及变态发育才能发育为成体，成为我们通常所见的螃蟹。大眼幼虫是其最后的幼体阶段，腹部具有游泳足。一旦大眼幼虫蜕皮，幼蟹就结束了浮游阶段，开始在海底爬行生活。

有些十足类甲壳动物的幼体看起来像杂技演员或迷你机器人。例如，麦秆虫，又名"骷髅虾"，仿佛柔术演员。铠甲虾的后期幼体利用时断时续的重复动作来收集附着在刚毛上的食物颗粒，并用附肢撕碎食物。成熟后，它们便离开浮游群体，加入生活在礁石缝隙里的成年群体中。虾蛄，又叫"螳螂虾"，是令人眼界大开的种类之一，这种甲壳动物有着非同寻常的视力，具有动物界中最为精确的三维视觉系统。

蟹的幼虫：溞状幼虫和大眼幼虫

在冬季和春季，利用浮游生物网于法国滨海自由城海湾采集到的丰富多样的甲壳动物和几毫米长的虾幼虫。
对页：一只蟹的溞状幼虫（左上），两只蟹的大眼幼虫（尾部较短），以及两只虾的溞状幼虫（尾部较长）。

数量繁多的各类浮游幼虫

对页：在沿岸，数量最多的浮游生物幼虫通常是藤壶释放的无节幼虫。藤壶成体是我们所熟悉的圆锥形蔓足类甲壳动物，附着在潮间带的岩石或码头上。图中所示的许多无节幼虫仍有蜕皮后残留的表皮，3个绿色球形的是一种绿藻——海球藻（*Halosphaera* sp.）的球状群体。

采自法国罗斯科夫。

本页右上：一只蔓足类甲壳动物的无节幼虫。

下：4种桡足类的无节幼虫（第一排和第二排左一）和一只磷虾的节胸幼虫（右下）。4种桡足类的无节幼虫处于不同的发育阶段，其中，第一只还未孵化。磷虾节胸幼虫期是紧随无节幼虫之后的一个生活史阶段。

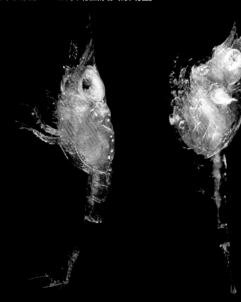

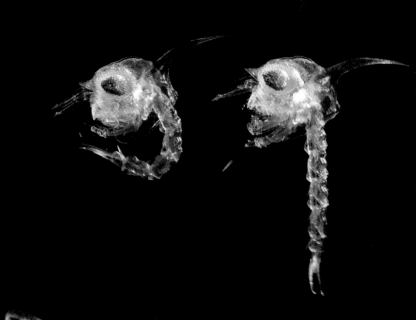

溞状幼虫

上：两只虾的溞状幼虫。

右上：两只浅绿色的招潮蟹溞状幼虫，在沼泽地中数量丰富。第134页图中是一只招潮蟹成体。

夏季采自美国南卡罗来纳沼泽。

右：橙红色的为两只短尾类甲壳动物的溞状幼虫可能是螃蟹或海蜘蛛。

采集自法国滨海自由城海湾。

大眼幼虫

经历了若干周的浮游生活后，十足类发育至最后一个幼虫阶段，即大眼幼虫。对页：大眼幼虫复眼的放大图。透过表皮，可以看到深色的、分枝状的色素细胞。色素细胞通过伸展或收缩来改变大眼幼虫的外观，可能也是一种伪装术。

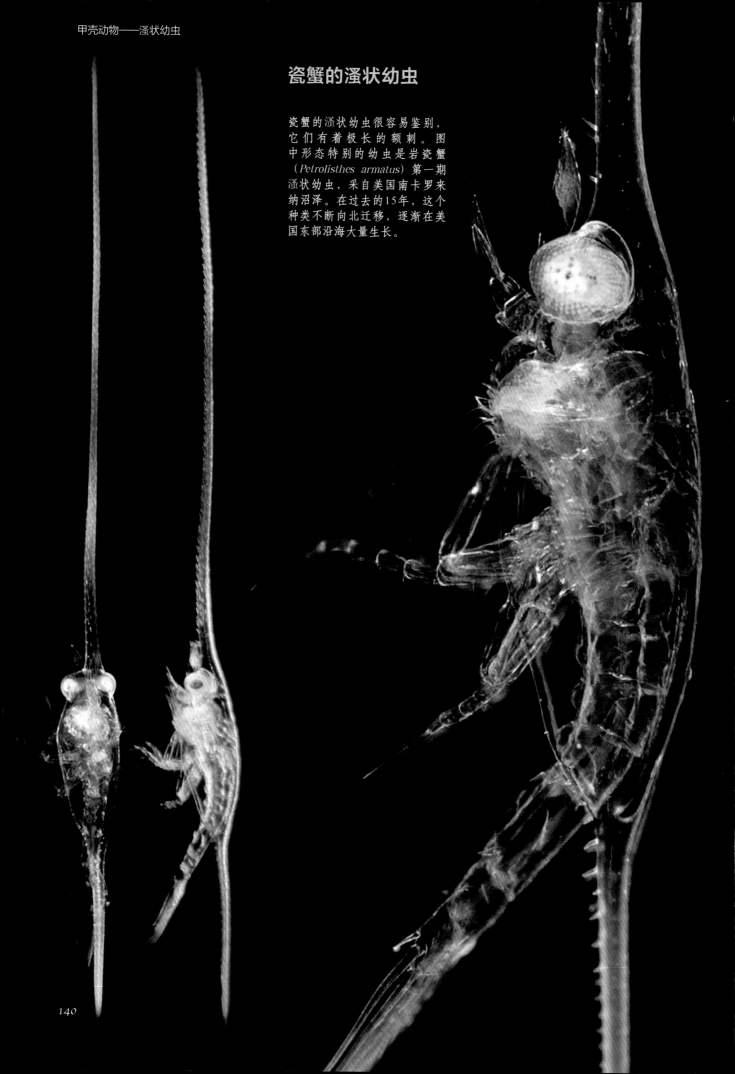

瓷蟹的溞状幼虫

瓷蟹的溞状幼虫很容易鉴别，它们有着极长的额刺。图中形态特别的幼虫是岩瓷蟹（*Petrolisthes armatus*）第一期溞状幼虫，采自美国南卡罗来纳沼泽。在过去的15年，这个种类不断向北迁移，逐渐在美国东部沿海大量生长。

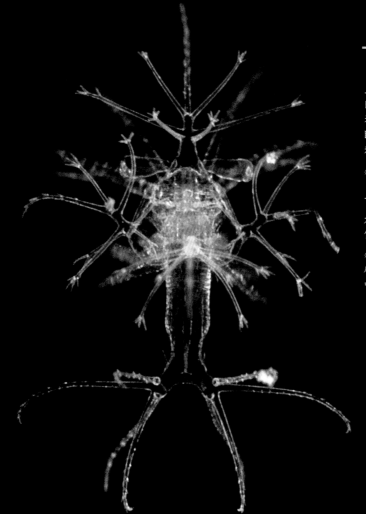

十足类幼虫

上：浮游生活的樱虾（*Sergestes* sp.）的原溞状幼虫（三期）。从图上可以看到它的胃（中间的红点）、两只眼睛（小红点）、一只额角、许多附肢和枝杈状的刺。

采自法国滨海自由城海湾。

下：3只2～3毫米的溞状幼虫：中间是铠甲虾，也称"蹲龙虾"，左右两侧是两只虾。

采自美国南卡来纳沼泽（左）；法国罗斯科夫沿岸（中）；日本下田湾（右）。
中部照片由诺埃·萨尔代摄。

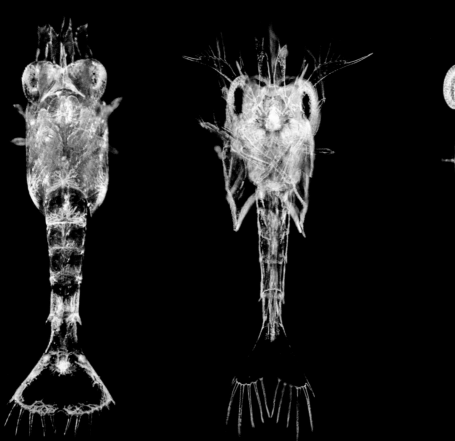

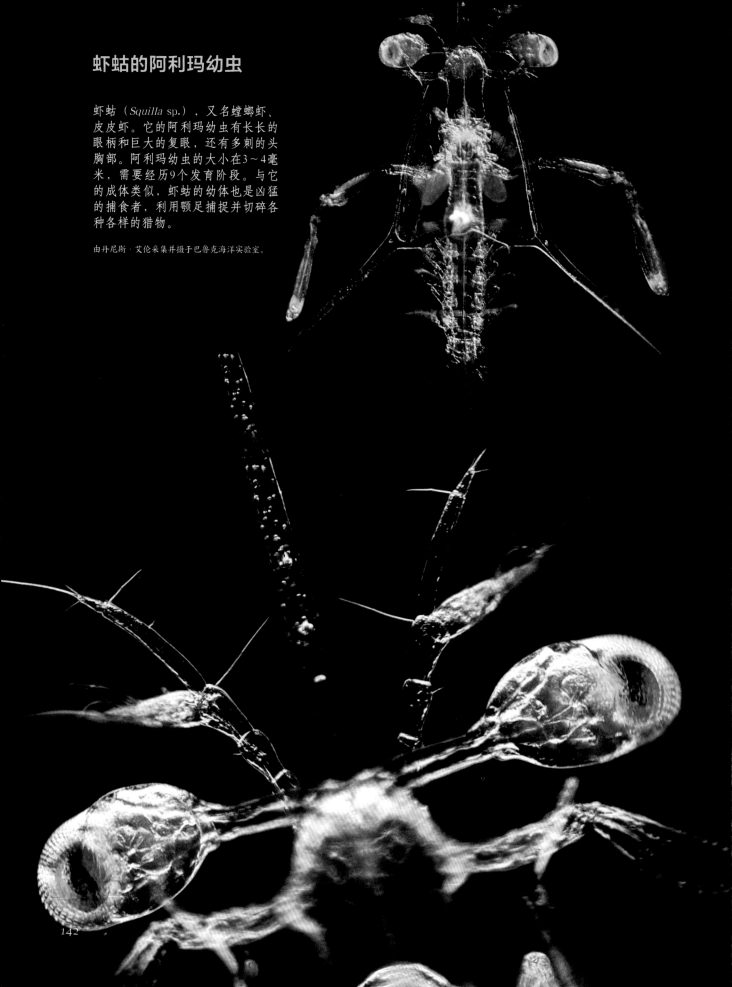

虾蛄的阿利玛幼虫

虾蛄（*Squilla* sp.），又名螳螂虾、皮皮虾。它的阿利玛幼虫有长长的眼柄和巨大的复眼，还有多刺的头胸部。阿利玛幼虫的大小在3～4毫米，需要经历9个发育阶段。与它的成体类似，虾蛄的幼体也是凶猛的捕食者，利用颚足捕捉并切碎各种各样的猎物。

由丹尼斯·艾伦采集并摄于巴鲁克海洋实验室。

铠甲虾（*Galathea*）幼体

当我们乘坐"塔拉"号帆船行驶在印度洋时，这只小甲壳动物（大小约2毫米）在船上存活了几日。这只铠甲虾幼体不停地用螯做着重复的机械性运动，清理自己的触角，并收集附着在腿部刚毛上的颗粒，作为食物。

从桡足类到端足类

主题变奏

桡足类在浮游动物中数量最多，已知超过14000种，大小从 0.2 ~ 10 毫米不等，广泛分布于海洋及淡水生态系统。有些种类是自由生活的，有些是共生生活的，还有一些是寄生于其他生物上的。例如，雄性叶水蚤（*Sapphirina*），呈现绚丽的彩虹色，它寄生在单个或成链的纽鳃樽上，"骑"着宿主四处游走。而雌性叶水蚤会在纽鳃樽体内产卵，并在宿主生活周期结束时将其吞食。

除了极少数例外，桡足类有明显的雌雄之分，它们通过交配繁殖后代。雌体释放信息素（又称外激素）以吸引一只或连续多只雄体。交配时，雄体抱住雌体的腹部，并将精荚——一个储存着精子的囊固着在雌体的生殖孔旁。对于许多桡足类种类，受精卵在卵囊中发育为胚胎，雌体携带着卵囊直至无节幼虫孵化而出。

桡足类是食物链中至关重要的环节。它们通常以原生生物为食，自身则被各类多细胞生物捕食，如虾、毛颚动物、鱼类及海洋哺乳动物。每只哲水蚤每天捕食10000 ~ 100000 个硅藻或甲藻。有的桡足类种类利用附肢和口部的摆动产生摄食水流，将食物带到口附近，进而摄食。另一些桡足类则几乎静止不动，突然猛扑向释放特定化学信号的猎物。在夜间，大多数桡足类会移动到海水表层，以摄食浮游植物；在白天，则沉到深处，远离它们的捕食者。

除了不计其数的桡足类，浮游生物还包含了成千上万种其他甲壳动物。比如，成群营浮游生活的磷虾，它们是须鲸最喜欢的食物。鲸鱼既捕食浮游动物，也通过排放富含铁的粪便，向浮游植物提供营养物质，因此可从很多方面影响浮游生物。又如，常常躲在钙化外壳中的介形类、身体细长的涟虫和麦秆虫。涟虫和麦秆虫生活在河口和湿地，阶段性地营浮游生活。还有其他甲壳动物，如端足类中的蛾，它们与水母、管水母、火体虫或纽鳃樽等大型胶质浮游动物息息相关。通过寄生并吞食这类大型浮游动物，对胶质的循环起着重要作用。

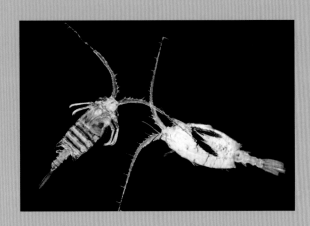

叶水蚤——炫目的寄生桡足类

这只雄性叶水蚤（*Sapphirina*）通过表皮细胞中细小的晶片反射并衍射出彩虹光。随着角度的变化，它扁平的身体可以从无色透明变为炫目多彩。在法国滨海自由城海湾，叶水蚤的数量随着其宿主纽鳃樽的数量增加而增加。在采样船上，由于身上寄生的发光叶水蚤，水面下成链的纽鳃樽能被轻松观察到。雌性叶水蚤的形态与雄性迥异（见第149页）。

谢里夫·莫沙克　摄

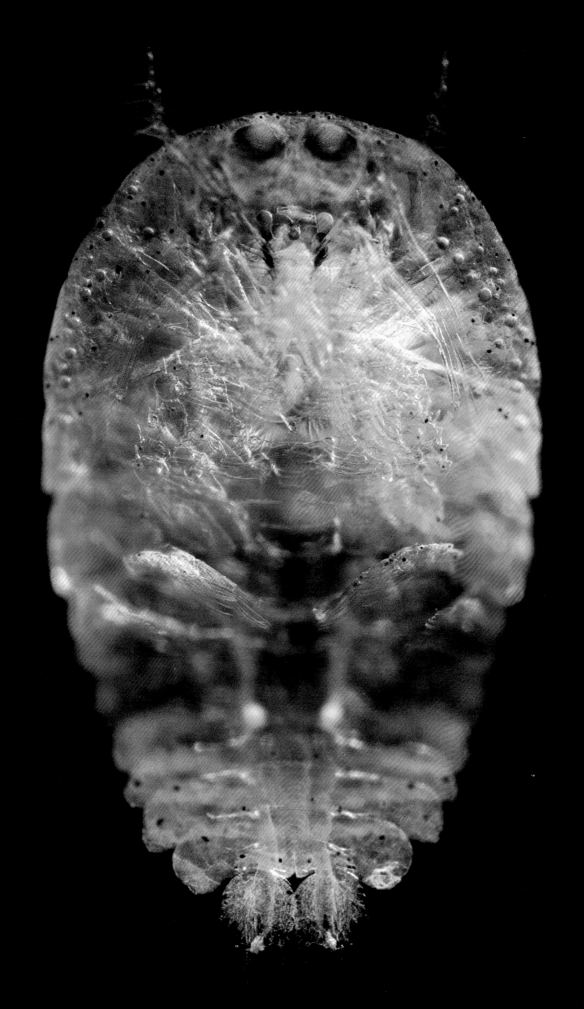

桡足类

4个属的桡足类：叶水蚤（*Sapphirina*，左上）、桨水蚤（*Copilia*，左下）、胸刺水蚤（*Centropages*，右上）和乳点水蚤（*Pleuromamma*，右下）。前两者属于歧口水蚤目（Poecilostomatoida），后两者属于哲水蚤目（Calanoida）。

对页：长角宽水蚤（*Temora longicornis*）的腹面观。躯干及附肢（大小约1毫米）被几丁质外壳所包裹（黄褐色）。蓝色的区域富含节肢弹性蛋白，是许多节肢动物运动关节间的一种特殊蛋白质，富弹性且自发荧光。

共聚焦显微镜照片，简·迈克斯　摄

交配和产卵

桡足类交配时，雄体利用足或触角执握触角抱住雌体，并将精英——一个装满精子的囊固着在雌体的生殖孔旁。雄性的附肢形态以及雌性的生殖节形态，是鉴定种类的重要依据。许多桡足类的受精卵在卵囊中发育为胚胎，雌体携带着卵囊直至无节幼虫孵化而出。

本页右：在日本下田湾用筛绢孔径为100微米的浮游生物网采集到的各类卵囊。

下：两只正在交配的隆水蚤（Oncaea sp.），背面观及侧面观。

对页：3只挂卵的雌性桡足类，真刺水蚤(Euchaeta sp.，上）、叶水蚤(Sapphirina sp.，下）以及一只浅蓝色的猛水蚤I猛水蚤目（Harpacticoida），右I。

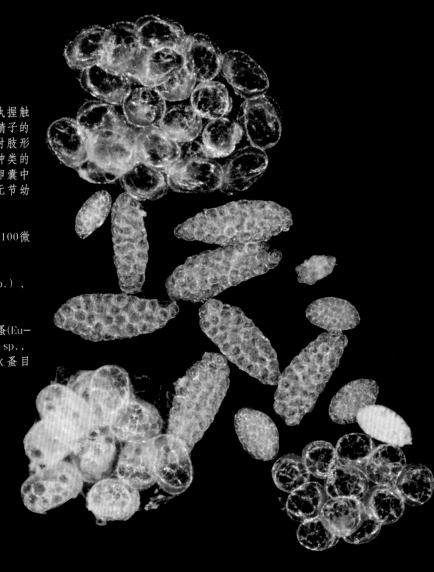

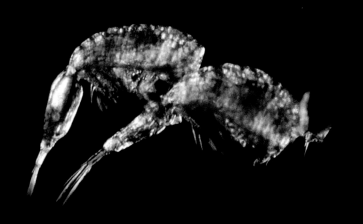

对虾、
磷虾和
糠虾

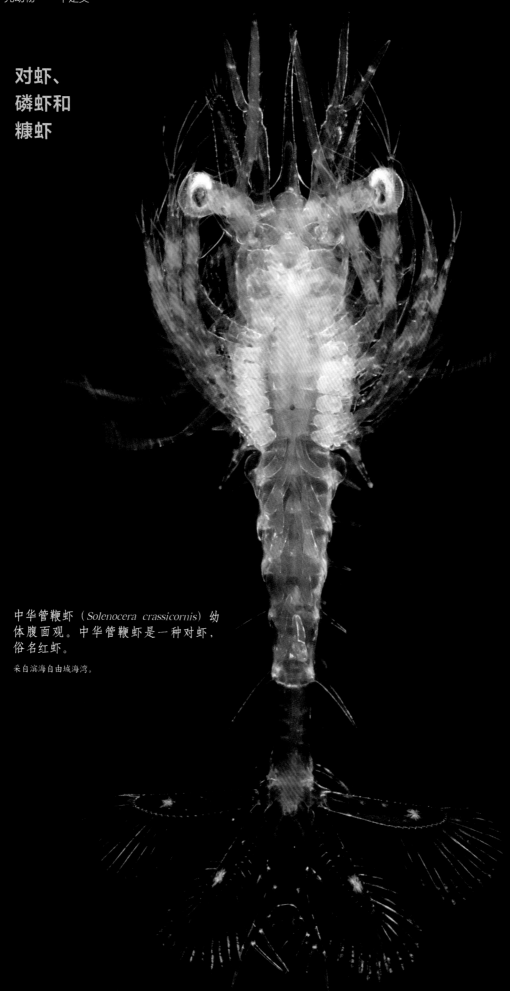

中华管鞭虾（*Solenocera crassicornis*）幼体腹面观。中华管鞭虾是一种对虾，俗名红虾。

采自滨海自由城海湾。

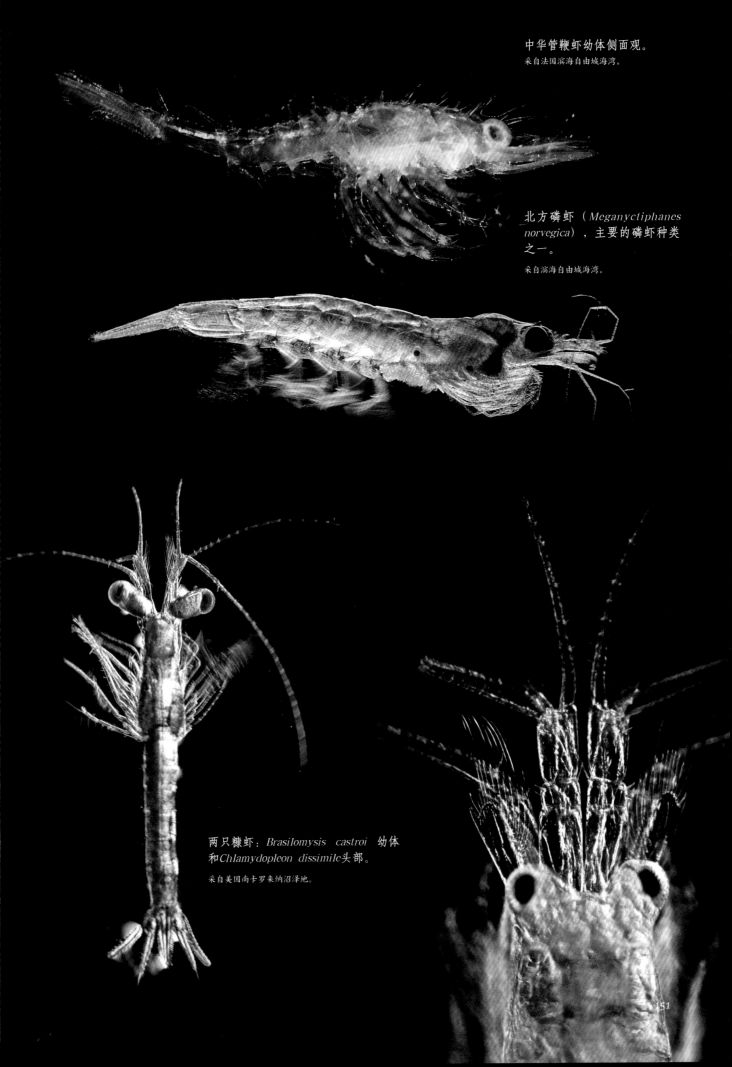

中华管鞭虾幼体侧面观。

采自法国滨海自由城海湾。

北方磷虾（*Meganyctiphanes norvegica*），主要的磷虾种类之一。

采自滨海自由城海湾。

两只糠虾：*Brasilomysis castroi* 幼体和*Chlamydopleon dissimile*头部。

采自美国南卡罗来纳沼泽地。

151

介形类和端足类

右：在纽鳃樽体内发现的两只武装路
   蜮（*Vibilia armata*），是一种寄生性端足
类。它能在纽鳃樽体内发育并繁殖。

下：20只介形类和两只端足类——尖
头　蜮（*Oxycephalus*）。希氏弯喉海萤
（*Vargula hilgendorfii*）是一种介形类，
俗名"海萤"，受到扰动时会发出蓝
光。与陆生萤火虫类似，这种蓝光是由
发光蛋白产生的。

利用配有光源的网具于夜间采自日本鸟羽湾。

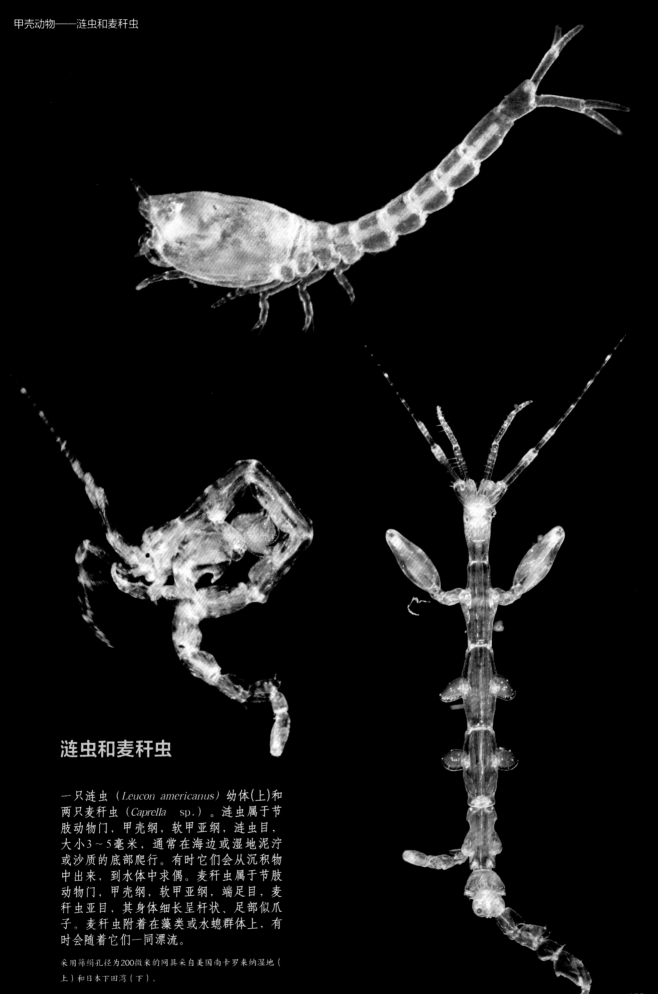

涟虫和麦秆虫

一只涟虫（*Leucon americanus*）幼体(上)和两只麦秆虫（*Caprella* sp.）。涟虫属于节肢动物门、甲壳纲、软甲亚纲、涟虫目，大小3～5毫米，通常在海边或湿地泥泞或沙质的底部爬行。有时它们会从沉积物中出来，到水体中求偶。麦秆虫属于节肢动物门、甲壳纲、软甲亚纲、端足目、麦秆虫亚目，其身体细长呈杆状、足部似爪子。麦秆虫附着在藻类或水螅群体上，有时会随着它们一同漂流。

采用筛绢孔径为200微米的网具采自美国南卡罗来纳湿地（上）和日本下田湾（下）。

慎蛾
藏在"桶"里的怪兽

端足类甲壳动物超过 5000 种，大部分是营底栖生活，深埋在海底或礁石底部。但还有几百种端足类是营浮游生活的，其中许多属于蛾类。每种蛾寄生于特定的胶质动物宿主上，如水母、管水母、纽鳃樽或火体虫。

慎蛾（*Phronima*）喜欢寄生在纽鳃樽上并以其为食，而且这种端足类有着不同寻常的故事。法国知名漫画家墨必斯正是从慎蛾的形态获得绘画灵感，他的画作成为"异形"的原型，是好莱坞风靡一时的怪物形象。就像所有的蛾一样，慎蛾有着大大的脑袋和特大号的眼睛，同时，它还有一对引人注目的爪子。雌性慎蛾像寄居蟹一样，是个"入侵者"。但二者的不同在于，寄居蟹占领的是已经"竣工"的螺壳，而慎蛾则是利用胶质宿主的外膜建造一个自己的桶状"房屋"。

慎蛾捕捉到猎物后，先吃掉一部分，后将剩余的部分回收利用，来建造一个自己的纤维素外膜。随着生长，慎蛾不断进进出出，"扩建"它的桶状房屋，却总是用尖尖的脚紧紧抓住它的房子。在桶状外膜的保护下，慎蛾移动速度很快，用覆有长刚毛的后肢收集小颗粒物。只有在捕捉大型猎物的时候，它才会离开"房子"。这时，慎蛾在"房子"边缘一点点地咬住猎物，把它拖进去，饱餐一顿。

雌性慎蛾十分爱护后代，这种行为在节肢动物中

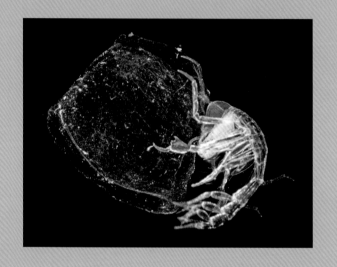

非常罕见。她在一个育儿袋内产卵并孵化，然后在"桶"里抚育并饲养幼体。由此，慎蛾常被称作"婴儿车虫"。幼体一旦发育成形似成体的小慎蛾，则需离开这个"育婴室"。小慎蛾极易遭到鱼类、水母、毛颚动物和环节动物的捕食，因此只有少数得以存活。作为食物链的重要环节，慎蛾捕食胶质浮游动物并循环利用其胶质，自身也是许多海洋肉食性动物最喜爱的食物之一。

"桶"里的慎蛾
慎蛾捕食胶质浮游动物并用它们的外膜来搭建一个桶状的"房子"。这只慎蛾长约25毫米，用两只前足和两只后足紧握桶的内侧，摆动尾巴随波游动。

冬季采自滨海自由城海湾。

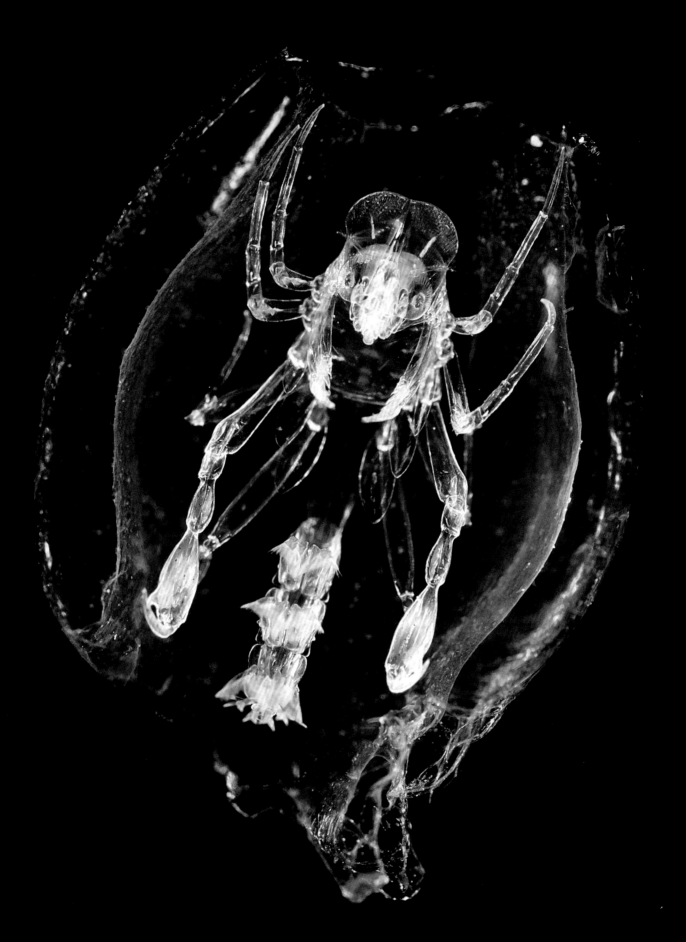

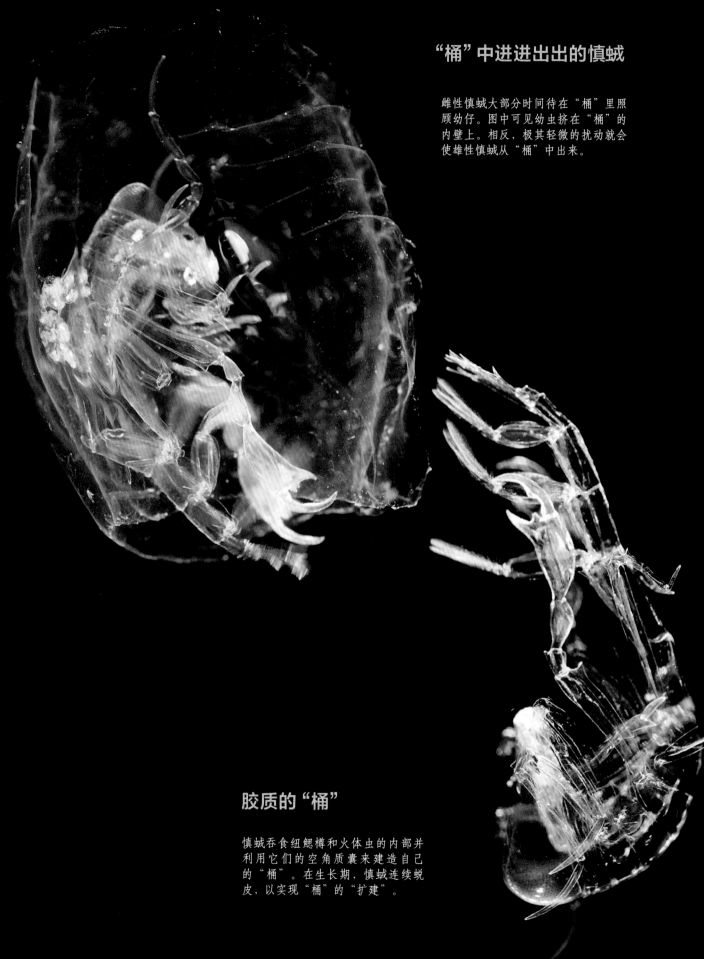

"桶"中进进出出的慎蛾

雌性慎蛾大部分时间待在"桶"里照顾幼仔。图中可见幼虫挤在"桶"的内壁上。相反,极其轻微的扰动就会使雄性慎蛾从"桶"中出来。

胶质的"桶"

慎蛾吞食纽鳃樽和火体虫的内部并利用它们的空角质囊来建造自己的"桶"。在生长期,慎蛾连续蜕皮,以实现"桶"的"扩建"。

慎蛾幼体

采自法国滨海自由城海湾和塔
拉海洋科考横跨印度洋期间。

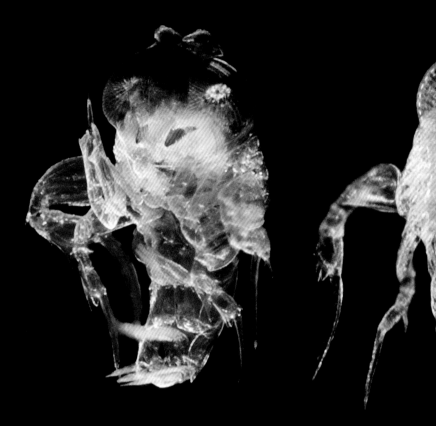

一只端足类幼体

左上：半月喜虮（*Phrosina semilunata*）巨大的复眼，上有4个深红色的视网膜。

右上：复眼下方红棕色的一片是消化系统。

采自法国滨海自由城海湾，克里斯蒂安·萨尔代和谢里夫·莫沙克摄。

4只眼睛的全景视觉

慎虮是肉食性的，利用爪子和锋利的口器撕碎并吞食胶质生物。4只巨大的复眼让它们有着非同寻常的全景视觉，能够准确地捕捉猎物并躲避捕食者。

对页：定居慎虮（*Phronima sedentaria*）头部的特写4只巨大的复眼上有4个深红色的视网膜。中间两只眼睛的晶锥能延长到和头部等长。

右：中间两只眼睛的放大图，长长的晶锥细胞覆盖了整个头部，图中可见复眼表面许许多多的小眼面。

采自法国滨海自由城海湾，克里斯蒂安·萨尔代和谢里夫·莫沙克摄。

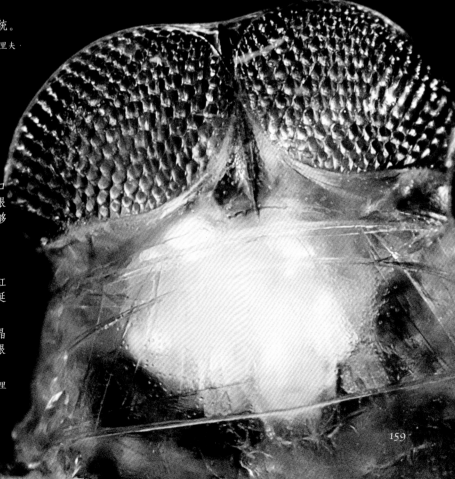

爪子和伪装术

定居慎蛾（*Phronima sedentaria*）利用两只巨大的爪子来捕捉猎物并保护自己。与其他一些动物类似，这些爪子能够利用含色素的细胞来变色。这些细胞被称为色素细胞或色素体，位于表皮内的肌肉上方。

对页：色素细胞完全伸展开时，呈星形，整个动物个体仿佛被染上了红色。爪子里强劲有力的肌肉清晰可见。

本页：色素细胞收缩成棕色的小点时，动物个体褪去红色变为透明，缩进"桶"里。这时慎蛾看起来就像一只纽鳃樽或火体虫，几乎不会被其他肉食动物捕食。

冬季采自法国滨海自由城海湾，克里斯蒂安·萨尔代和谢里夫·莫沙克摄。

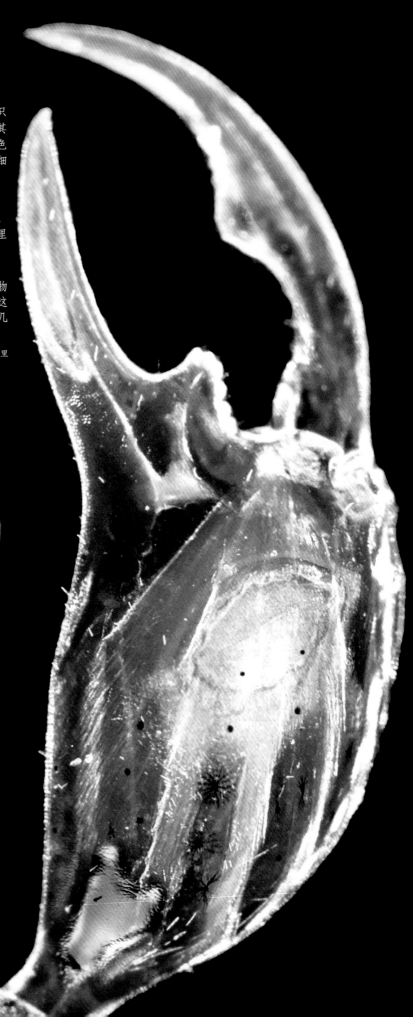

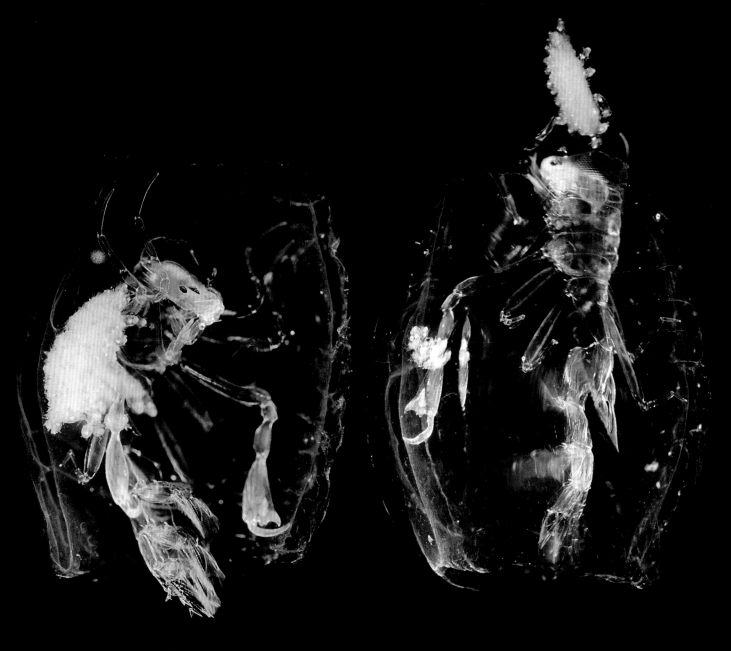

慎蛾：有爱心的母亲

对页：一只雌性慎蛾在类似育儿袋的
结构中孵化胚胎。

诺埃·萨尔代 摄

本页左上：一只雌性慎蛾抱着它的孩子
紧靠在"桶"的内壁上。它将哺育幼体
两到三周，确保它们聚集在"桶"内部。

右上：一群慎蛾幼体从"桶"里溜了出
来，但是立即被妈妈抓了回去。

团结的幼体

慎蛾幼体能够在"桶"的
内壁四处运动，但是它们
喜欢头部朝外、聚集成
群，仿佛被某种相互吸引
的力量结合在一起。

翼足类与异足类

用足部游泳的软体动物

大多数蜗牛和蛞蝓利用黏性、有力的足部缓慢运动。这些生物属于软体动物门，腹足纲。软体动物起源于5亿多年前。一些在海床上爬行的腹足类慢慢适应了开阔大洋的环境，并逐步进化为浮游生活的翼足类和异足类。

软体动物的足部逐步进化为一个鳍（异足类）或一对鳍（翼足类），从而能够浮游生活在水中。目前，已知的浮游软体动物超过100种。翼足类不但能够随波漂荡也能够快速运动。运动时利用一对像翅膀一样的鳍，犹如在水中飞翔。因此，翼足类常被称作"海蝴蝶"。

与其他爬行生活的腹足类相同，某些翼足类，如蜒螺（Limacina）和某些异足类，如明螺（Atlanta），利用碳酸钙（文石）来建造螺旋形的壳。另一些翼足类，如龟螺（Cavolinia）和笔帽螺（Creseis），进化形成对称、锤形或球形的保护外壳。翼足类和异足类大小约几毫米至几厘米不等，通常色彩鲜艳。它们有雌雄之分，通过交配繁殖后代。某些种类的个体能够变性，先发育为雄性，之后变为雌性。某些雌性，如翼管螺（Firola）能够拽出长长的细丝，里面含有一群胚胎。另一些，如龟螺能释放出透明的囊，里面满是快速分裂的卵子，随着浮游生物四处漂流。

浮游软体动物生活在不同的水深，但是绝大部分会在夜间迁移至海水表层。尽管它们广泛分布在暖水海域，但某些种类，如海若螺（Clione），俗称"海天使"，却喜欢在冰冷的海域大量聚集，渔民们常称之为"鲸鱼的食物"。"海天使"没有外壳，仿佛赤身裸体，因此这类无壳的翼足类被称为裸体翼足类，而具有外壳的则被称作被壳翼足类。一种名为Clione limacina的海若螺是史上最先被记录描述的裸体翼足类，可以追溯到1676年。

裸体翼足类中的海若螺和皮鳃螺（Pneumodermopsis）是贪婪的捕食者。它们疯狂地舞动一对鳍，快速扑向并抓住猎物，甚至捕食被壳翼足类。而大部分被壳翼足类则采用不同的捕食策略，它们利用壳口处一张黏性的网，将小生物和细菌等猎物困于其中。有壳或无壳的异足类，如明螺和翼管螺也是凶残的肉食动物，它们利用一对巨大、结构复杂的眼睛寻找并定位猎物。与所有的软体动物相似，异足类和翼足类用粗糙的齿舌把猎物磨碎。齿舌呈锉形带状，上面有多列小齿，这些小齿会不断更换。

我们不得不担忧被壳异足类和翼足类的未来。由于人类活动使得二氧化碳浓度上升，导致海洋酸化，被壳软体动物的壳将变得更加脆弱。

三只浮游软体动物

这幅图上最大的生物是笔帽螺（Creseis conica），大小约1厘米，是一种被壳翼足类，其外壳呈对称的锥形。

右侧是寡齿拟皮鳃螺（Pneumodermopsis paucidens），是一种裸体翼足类。左侧是明螺Atlanta peronii，一种异足类，外壳呈圆形螺旋状。

浮游生物志网站
翼足类和异足类

冬季采自滨海自由城海湾。

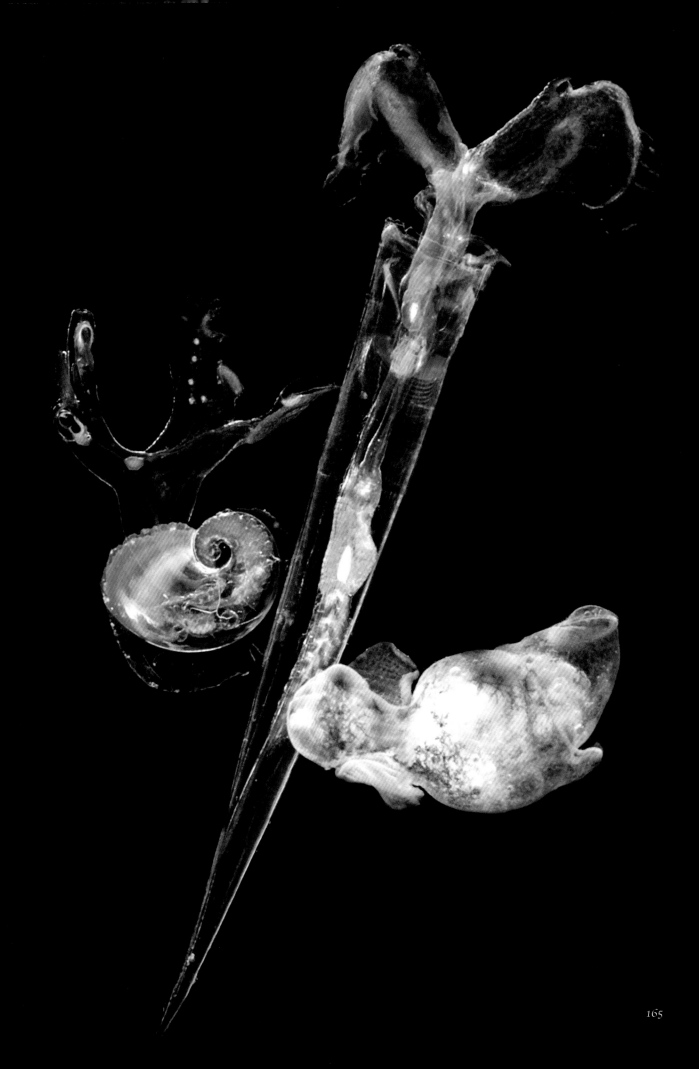

海洋天使——可怕的捕食者

海若螺（*Clione limacina*），又称"海天使"，是一种裸体翼足类，长约几厘米，形似鱼雷。它猛烈地拍打着鳍，在水中飞速冲向它最爱的猎物——螺旋形的被壳翼足类蜗螺（*Limacina helicina*，左下角）。一旦接触到猎物，海若螺立刻伸出6条口锥将其抓住，然后用齿舌慢慢吃掉猎物。海若螺浮游生活在寒冷的极地水域，丰度很高，和磷虾的丰度相当。它们自身也是许多海洋哺乳动物的主要饵料。

亚历山大·谢米诺夫摄于俄罗斯巴伦支海南部的白海。

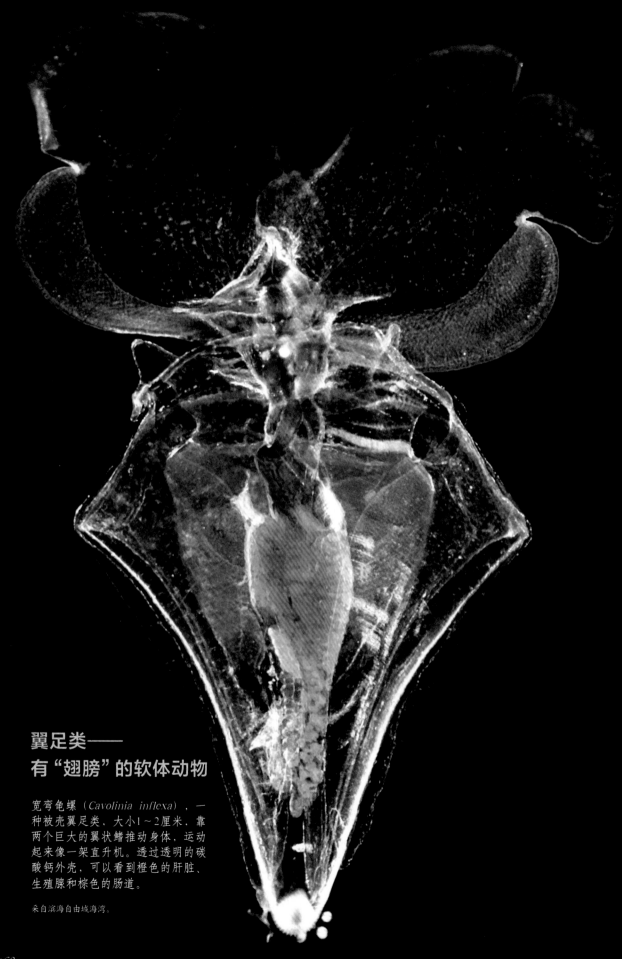

翼足类——
有"翅膀"的软体动物

宽弯龟螺（*Cavolinia inflexa*），一种被壳翼足类，大小1～2厘米，靠两个巨大的翼状鳍推动身体，运动起来像一架直升机。透过透明的碳酸钙外壳，可以看到橙色的肝脏、生殖腺和棕色的肠道。

采自滨海自由城海湾。

三只被壳翼足类

从左至右依次是锥棒螺（*Styliola subula*）尖笔帽螺（*Creseis acicula*）和笔帽螺（*Creseis conica*）。这三种都属于被壳翼足类。透过透明的钙质壳，可见橘色、黄色或绿色的肝脏和其他消化器官，这些器官呈现的颜色根据它们吃的食物不同而异。

冬季采自滨海自由城海湾。

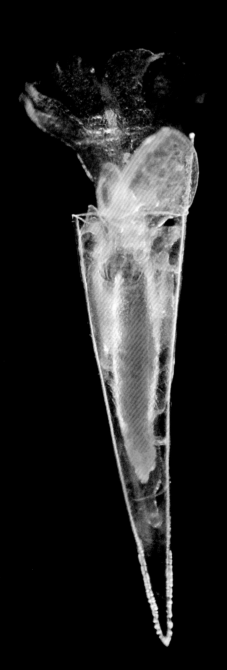

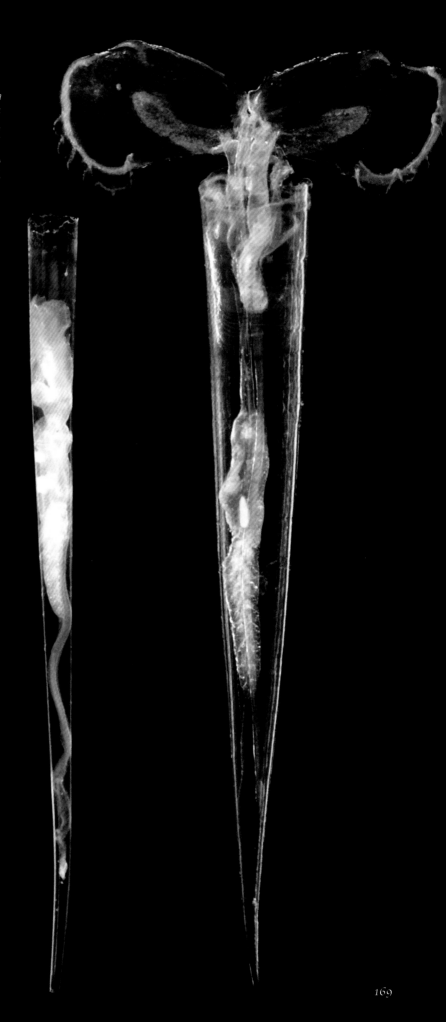

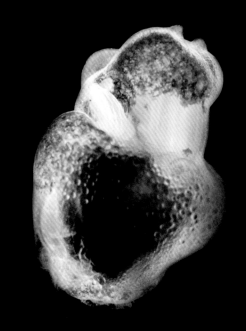

快如鱼雷

目前已知的裸体翼足类有50种，其中，在法国里维埃拉水域最常见的是寡齿拟皮鳃螺（*Pneumodermopsis paucidens*）。它们拍打双鳍即可游得飞快。它们富有弹性的皮肤上有斑点，是黏液细胞和色素细胞。色素细胞的收缩或伸展会改变皮鳃螺的外观。一旦有任何风吹草动，皮鳃螺便会卷曲成紧实的棕色小球。

一只正在被壳翼足类
捕食的裸体翼足类

裸体翼足类寡齿拟皮鳃螺
（*Pneumodermopsis paucidens*）
是肉食性的。它利用结构精细
的吸盘，将自己附着在它最爱
的食物——被壳翼足类笔帽螺
（*Creseis*）的外壳上。皮鳃螺将
它长长的吻深深插入笔帽螺的壳
中，吸食它的组织。饱餐后，贪
吃的皮鳃螺从猎物的外壳中缩
回，消化、排便，再开始寻找新
的猎物。

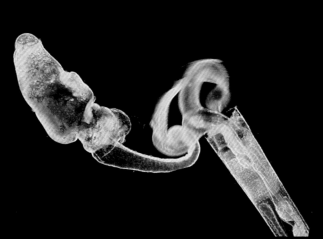

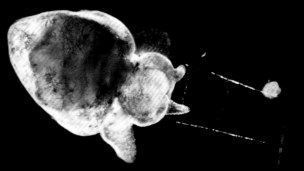

漂亮、透明的明螺

明螺（*Atlanta peronii*）是滨海自由城海湾的常见种。它是异足类软体动物，外壳呈螺旋形，足部扁平，形成一个游泳鳍。透过它透明的外壳，可以清楚看到鳃、消化道、心脏、生殖腺和生殖器。本页上端的图片是一只雄性明螺，阴茎位于头后侧，鳍的边缘是浅红色的吸盘，用于在交配时抓住雌体（对页上端图片）。明螺是肉食性捕食者。它们巨大的眼睛可自由转动，能在黑暗中捕捉到猎物，并用长吻一端的齿舌将其磨碎。

紫色的明螺（下方放大图）采自塔拉海洋科航行于印度洋期间。

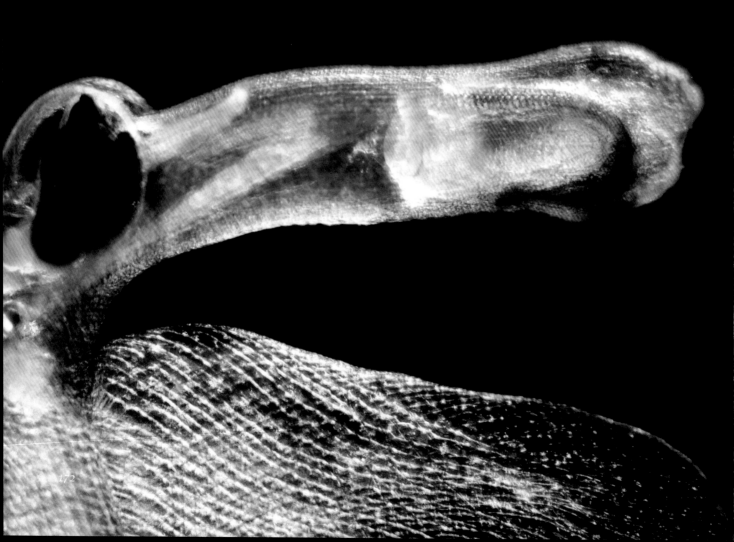

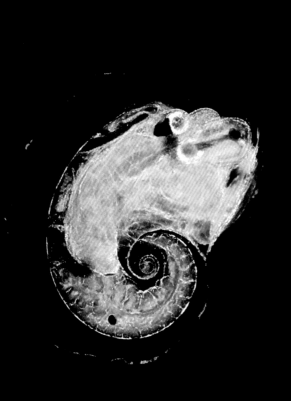

两只藏在钙质壳中的明螺
（*Atlanta peronii*）。图中可见
它们的一对眼睛。

173

翼管螺——"海洋大象"

翼管螺（*Firola*）是最大的浮游软体动物之一，大小10～30厘米。潜水员称它为"海洋大象"，因其长长的吻形似大象的鼻子。其拉丁文种名为*Pterotrachea coronata*或*Firola coronata*。翼管螺属于异足类，有单个鳍，而且能倒着游泳。翼管螺的幼虫有壳，但是在变态发育的过程中，外壳逐步退化，成体无壳。其身体呈圆柱形，头部有一个长长的吻、一个口和两只眼睛。两只眼睛醒目且转动灵活。像所有异足类一样，翼管螺也是肉食性的。该样本是一个雄性个体，只有雄性在鳍的边缘有一个吸盘，因此很容易识别。交配时，这个吸盘用于固定雌体。雌性翼管螺通常拖着长长的细丝，里面满是胚胎。

一只警惕的眼睛

翼管螺具有全景视觉，它利用两只巨大、灵活的眼睛探测并追踪猎物。它的眼睛有卵形的晶状体和石榴红色的视网膜，受两个神经节支配。神经节是神经网络中部不透明的白色部分。眼部和神经节中间的一小团白色物质是耳石，用于感知平衡和方向。

一个粗糙的舌头

与其他腹足类软体动物相同，翼管螺有一个粗糙的舌头，称为齿舌。齿舌上布满一系列几丁质小齿，功能类似研磨器。一排排小齿不断快速地更新。

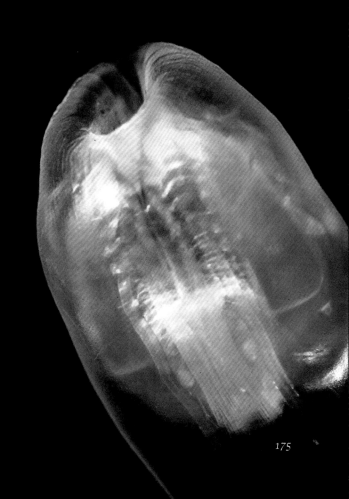

头足类和裸鳃类

漂亮的颜色与伪装

在系统进化上，头足类和裸鳃类迥然不同。头足类是软体动物门中独立的一个纲——头足纲（Cephalopoda），而裸鳃类则是软体动物们腹足纲中的一个目——裸鳃目（Nudibranchia）。头足类的英文名"cephalopod"来源于希腊语"kephale"和"podos"，分别意为"头"和"足"。这是软体动物中最聪明的一个类群，包括我们常见的章鱼和鱿鱼。头足类具有发达的神经和视觉系统，能够快速逆流游动。裸鳃类因鳃暴露在身体表面而得名，源于拉丁语"nudus"和希腊语"branchia"，分别意为"裸露的"和"鳃"。裸鳃类也被称为"海蛞蝓"，大多数种类在海床上爬行。

少数裸鳃类是营浮游生活的，但是其中最臭名昭著的是大西洋海神鳃（*Glaucus atlanticus*），捕食在海面上随风漂荡的刺胞动物，包括僧帽水母（*Physalia*）、银币水母（*Porpita*）和帆水母（*Velella*）（见第122页）。大西洋海神鳃吞食这类胶质生物后，"霸占"了它们的刺细胞并保存在一个囊状结构——刺胞囊中，用以麻痹其他猎物。对于大多数裸鳃类来说，刺细胞和毒素也是抵御捕食者的有效手段。裸鳃类还能将自身蜷曲成一个紧致的球来应对袭击者。

从另一方面来说，头足类和裸鳃类是相似的。大多数软体动物都有外壳作为庇护所，但某些头足类和所有

的裸鳃类都没有这一结构。二者都发育出独特的颜色特征用以伪装和沟通。浮游生物网有时能捕捉到裸鳃类和头足类美丽的胚胎和幼体，与它们的父母相同，色彩丰富，但色素细胞含量略低。

头足类的颜色变化最引人注目，用来隐蔽或突出自己。色素细胞是特殊的皮肤细胞，里面充满色素，使得头足类可以快速改变颜色和花纹来隐藏到环境中或给同伴发出信号。神经信号和肌肉收缩能控制色素细胞的大小和透明度，从而调控快速的颜色变化。浮游生活的头足类幼体具有一些巨大的色素细胞。当它们伸展开，细胞反射光线，使皮肤呈现出鲜亮的颜色。相反，当色素细胞收缩成一个细小的点，皮肤上的颜色就褪去了。头足类是名副其实的海洋变色龙，它们也能够利用变色的本领与同伴相互交流。

浮游幼体

对页上部：真蛸（*Octopus vulgaris*），又名普通章鱼的幼体

斯蒂芬·希伯特 摄

中部：手钩鱿科（Gonatidae）的鱿鱼幼体。

凯伦·奥斯本 摄

右下：普通枪鱿（*Loligo vulgaris*）幼体

谢里夫·莫沙克 摄

左下：裸鳃类扇羽鳃（*Flabellina* sp.）幼体

采自滨海自由城海湾

头足类——海洋变色龙

左图是一只刚孵化的普通枪鱿（*Loligo vulgaris*），大小4～5厘米。它已经有几十个红色和黄色的色素细胞，能够调节肤色。下图中是一种*Planctoteuthis* sp. 的幼体，展示了色素细胞是如何在收缩（左）和膨胀（右）的状态下改变颜色，用以伪装和交流的。

左图由谢里夫·莫沙克摄。中间和右图由凯伦·奥斯本摄。

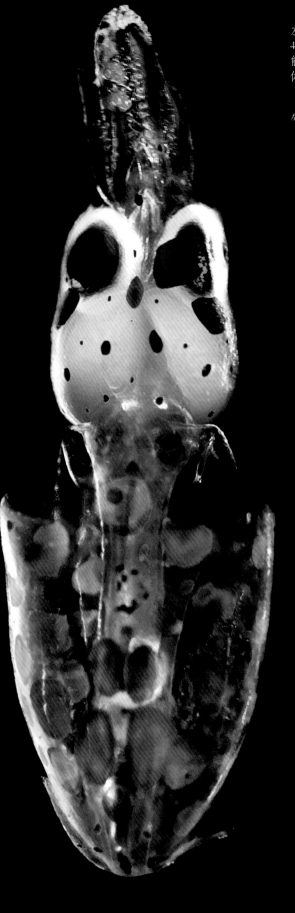

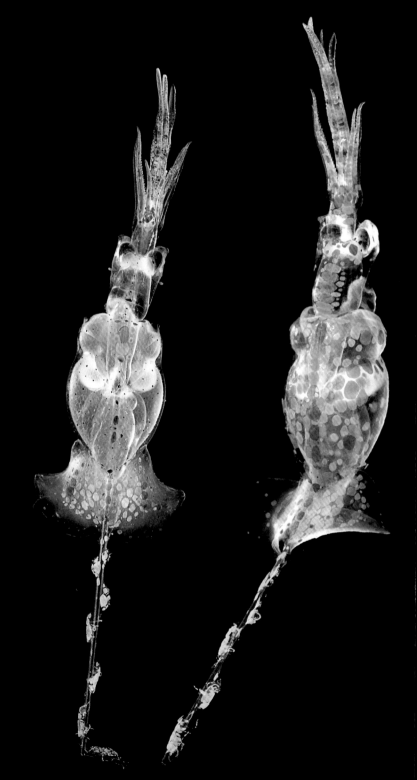

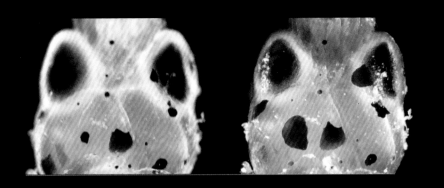

色素细胞调控颜色

头足类具有动物界最为复杂的色素细胞。皮肤下有数以千计的色素颗粒，随着其聚集或分散，色素细胞收缩或舒展。色素细胞的活动受控于肌肉和神经细胞，以改变动物个体的颜色和透明度。这类外观上的变化既用作伪装，也用于个体间交配和互动时的交流。

美国布朗大学斯蒂芬·西伯特摄。

绿色的共生生物

右：这是一种裸鳃类——绿海
天牛（*Elysia viridis*）的幼体，
捕食刺松藻（*Codium fragile*）
后将藻类的叶绿体保留在自
己的细胞内，形成内共生
体。叶绿体使得裸鳃类呈现
绿色并能够进行光合作用获
取能量。

斯蒂芬·西伯特　摄

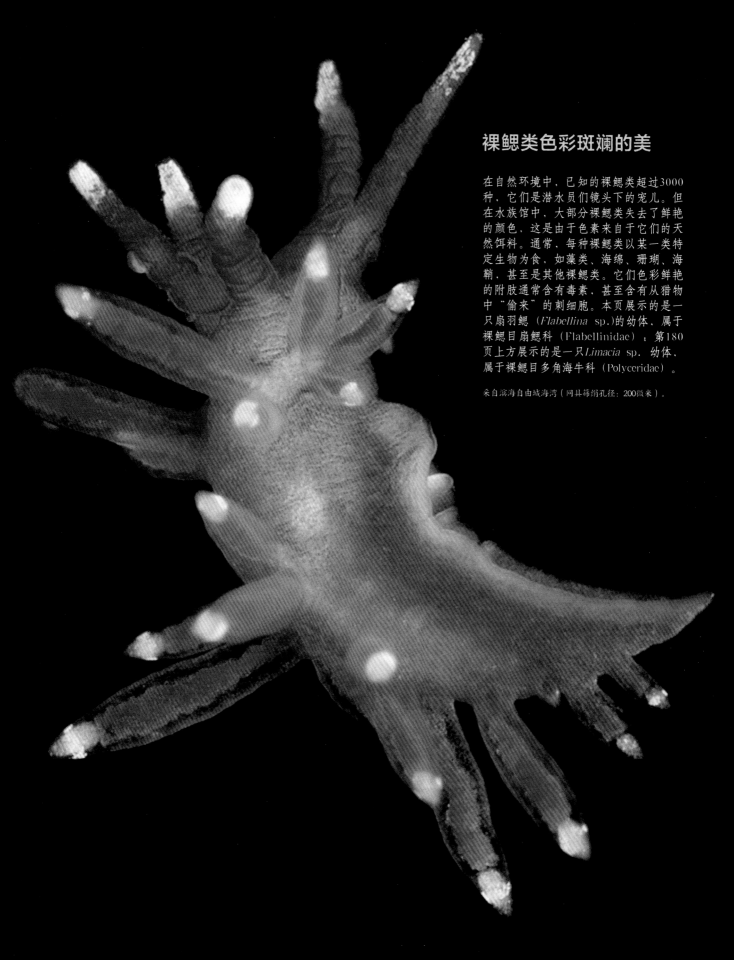

裸鳃类色彩斑斓的美

在自然环境中,已知的裸鳃类超过3000种,它们是潜水员们镜头下的宠儿。但在水族馆中,大部分裸鳃类失去了鲜艳的颜色,这是由于色素来自于它们的天然饵料。通常,每种裸鳃类以某一类特定生物为食,如藻类、海绵、珊瑚、海鞘,甚至是其他裸鳃类。它们色彩鲜艳的附肢通常含有毒素,甚至含有从猎物中"偷来"的刺细胞。本页展示的是一只扇羽鳃(*Flabellina* sp.)的幼体,属于裸鳃目扇鳃科(Flabellinidae);第180页上方展示的是一只*Limacia* sp. 幼体,属于裸鳃目多角海牛科(Polyceridae)。

采自滨海自由城海湾(网具筛绢孔径:200微米)。

100微米（＝0.1毫米）

海洋中的"蠕虫"和"蝌蚪"

箭、管、网等多样形态

毛颚动物
海洋之箭

毛颚动物脑袋尖尖，眼睛圆圆，行为凶残，如同迷你鳄鱼。由于身体呈长条状，俗称为"箭虫"。口周围有成列的小齿，头部两侧均有锋利的颚毛，像钩子一样。毛颚动物正是因此而得名，其英文名 chaetognaths 来源于希腊语 chaeto 和 gnathos，分别意为"刚毛或刺"和"颚"。在张开的瞬间，颚能够抓住并吞入个体较小的桡足类或幼虫。毛颚动物也能够通过注射神经性毒素来麻痹猎物。食物稀少时，毛颚动物甚至会以个体较小的同类为食。

捕食与被捕食：毛颚动物是全球海洋食物链中的重要环节。它们以小型浮游动物为食，同时也是鱿鱼、水母和鱼类等生物的重要饵料。已知的毛颚动物约有 200 种。其中，个体最小的微型箭虫（*Mesosagitta minima*）仅有若干毫米。最大的箭虫名为 *Pseudosagitta lyra*，长度可超过 5 厘米。在所有已调查的海洋生境中都存在毛颚动物。近期，科学家们在深海热液喷口发现了毛颚动物新种。

箭虫的繁殖方式非常特殊。每个个体都是雌雄同体，每天同时产生雄性和雌性配子。大量的精子和卵子被储存在巨大的生殖腺中，有时甚至可以占据整个身体。箭

伊万·佩雷斯 摄

虫全身透明，以至于可以在活体上清楚地观察到卵子生长和精子成熟的过程。毛颚动物交配前的求偶方式与众不同。一种名为锄虫（*Spadella*）的毛颚类尾部有储精囊，交配时，两个个体扭动身体首尾相接以交换精子。精子被释放在配偶的头后部，沿着身体向下移动，最终进入雌性生殖器官并与卵子结合，完成受精。受精卵不久就被释放到海水中，并在保护膜中快速发育至胚胎。在一两天内，胚胎即孵化为毛颚动物幼体，与成体一同开始浮游生活。

锄虫——精力旺盛的毛颚动物

与相对纤细的浮游种类相比，粗壮的头翼锄虫（*Spadella cephaloptera*）不能算是真正的浮游生物。它生活在聚伞藻（*Posidonia*）的海草场，栖息在草一样的藻柄上。无头的锄虫甚至也能存活并继续产生配子。由于它易于培养，锄虫成为实验室研究毛颚动物的代表生物。

由伊万·佩雷斯于初夏采自马赛附近。

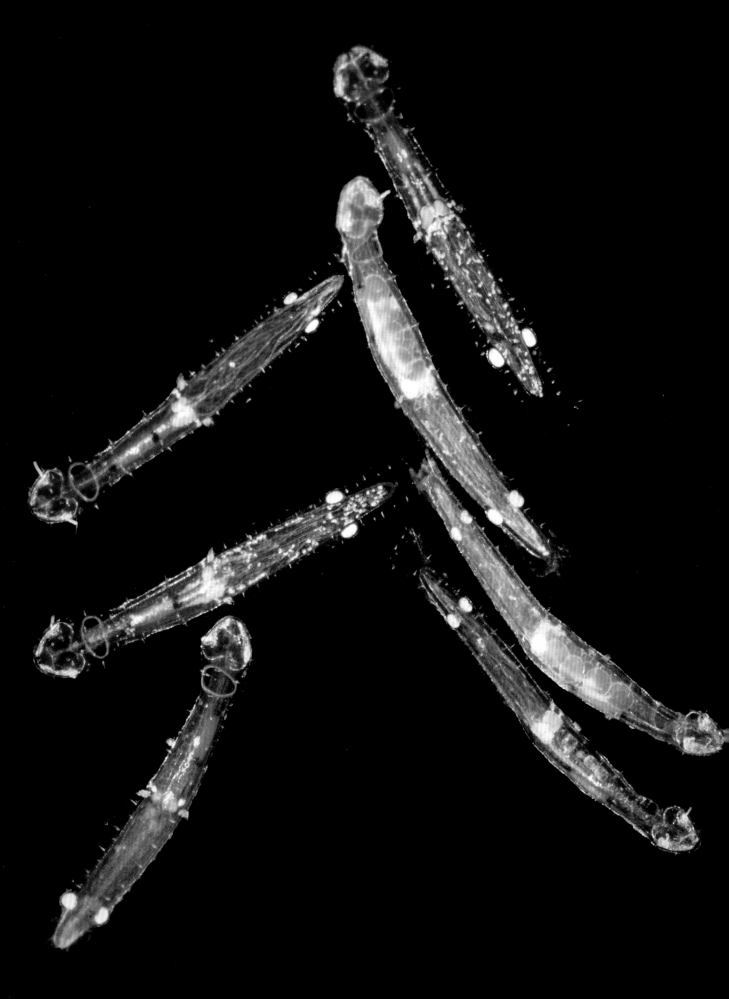

头翼锄虫（*Spadella cephaloptera*）

采自法国马赛附近地中海海域。

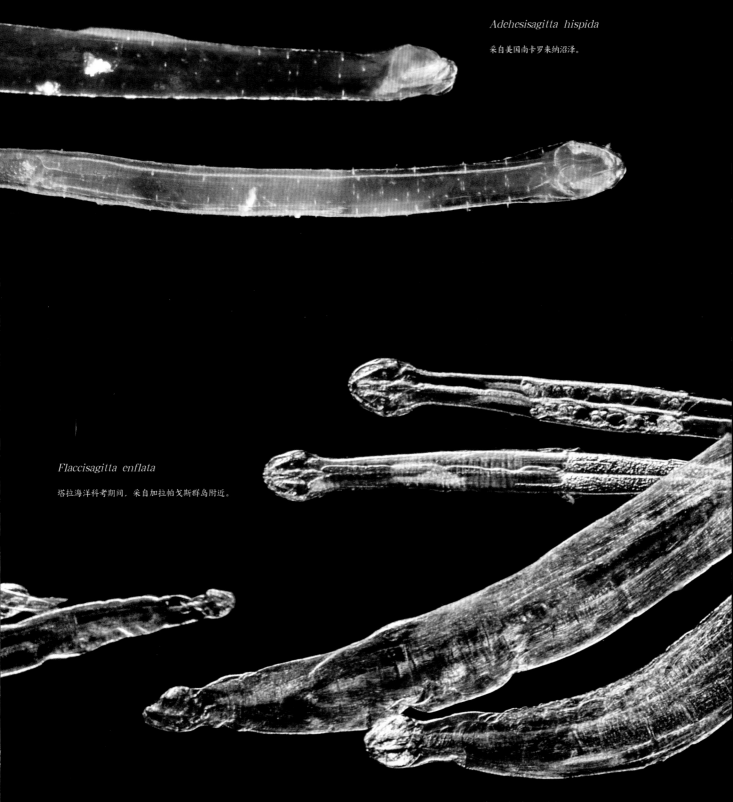

Adehesisagitta hispida

采自美国南卡罗来纳沼泽。

Flaccisagitta enflata

塔拉海洋科考期间，采自加拉帕戈斯群岛附近。

*Flaccisagitta enflata*及其上方的龙翼箭虫（*Pterosagitta draco*）

塔拉海洋科考期间，采自印度洋。

偶尔同类相食的肉食动物

毛颚动物利用两套钩子般的颚毛和多列几丁质小齿，能够捕捉、撕碎并吞食整只桡足类或其他甲壳动物幼虫。它们是凶残的捕食者，甚至可以吞下和自身一样大的猎物，比如小鱼，在少数情况下，还能吞下头索动物，如对页所示的文昌鱼（*Amphioxus*）。

左下：毛颚动物常有同类相食的情况。它们利用无数遍布全身的纤毛感应猎物的运动，包括其他箭虫。

右下：一只毛颚动物吞下一只粉色的桡足类尸体。

凯瑟琳·格林　摄

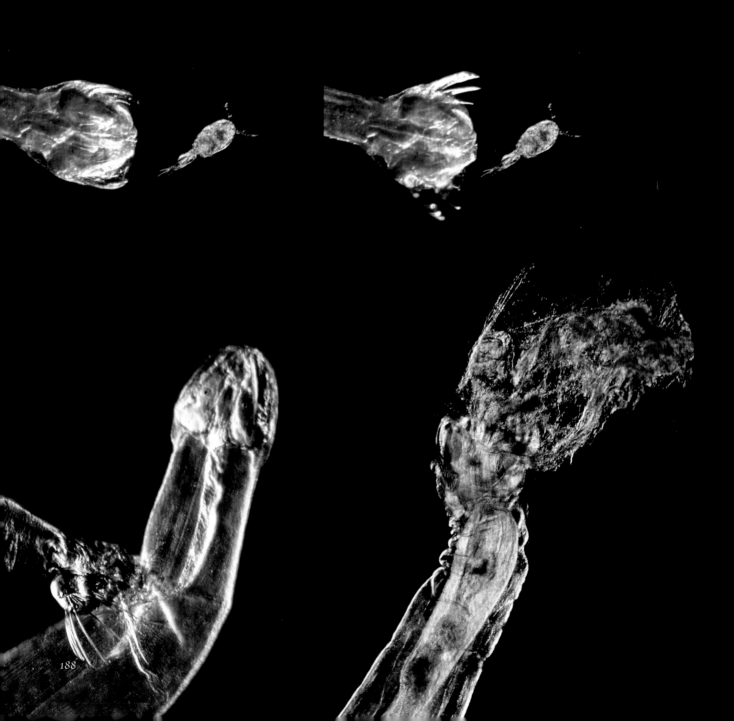

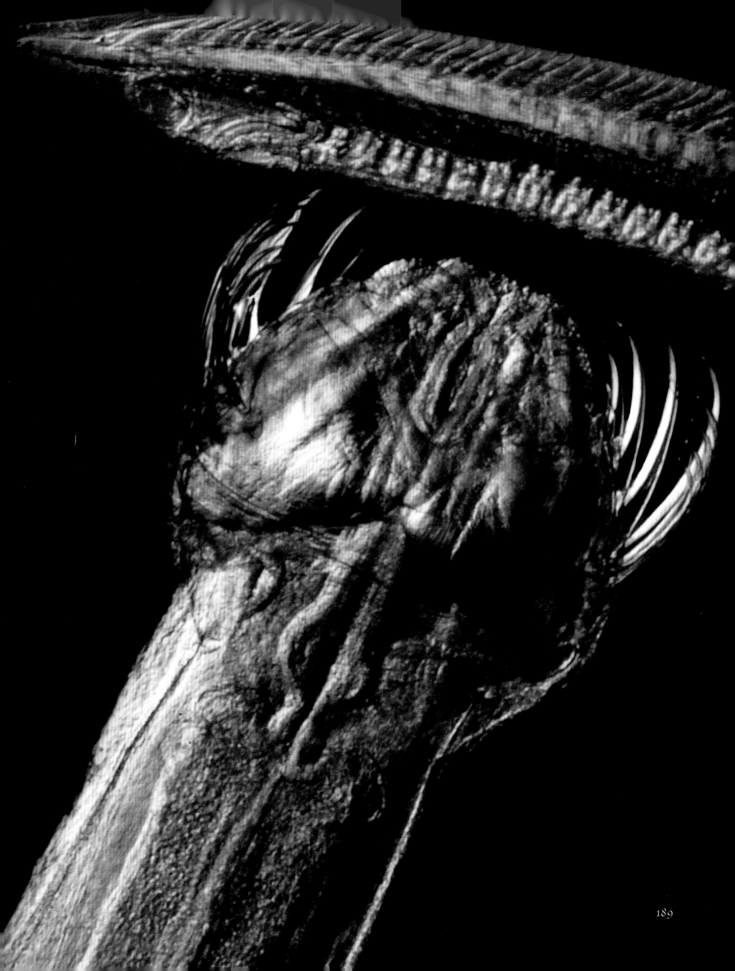

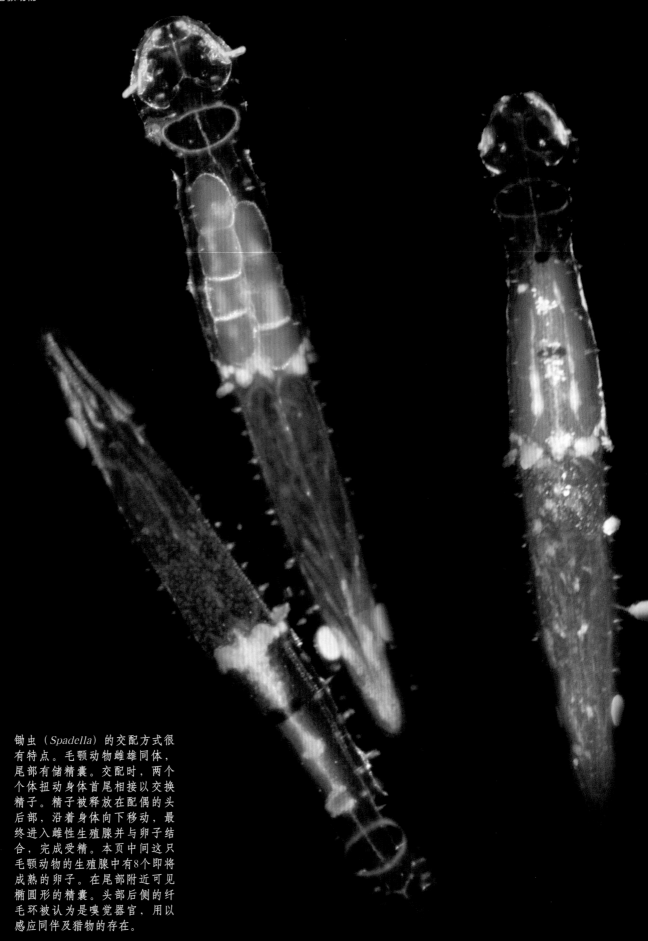

锄虫（*Spadella*）的交配方式很有特点。毛颚动物雌雄同体，尾部有储精囊。交配时，两个个体扭动身体首尾相接以交换精子。精子被释放在配偶的头后部，沿着身体向下移动，最终进入雌性生殖腺并与卵子结合，完成受精。本页中间这只毛颚动物的生殖腺中有8个即将成熟的卵子。在尾部附近可见椭圆形的精囊。头部后侧的纤毛环被认为是嗅觉器官，用以感应同伴及猎物的存在。

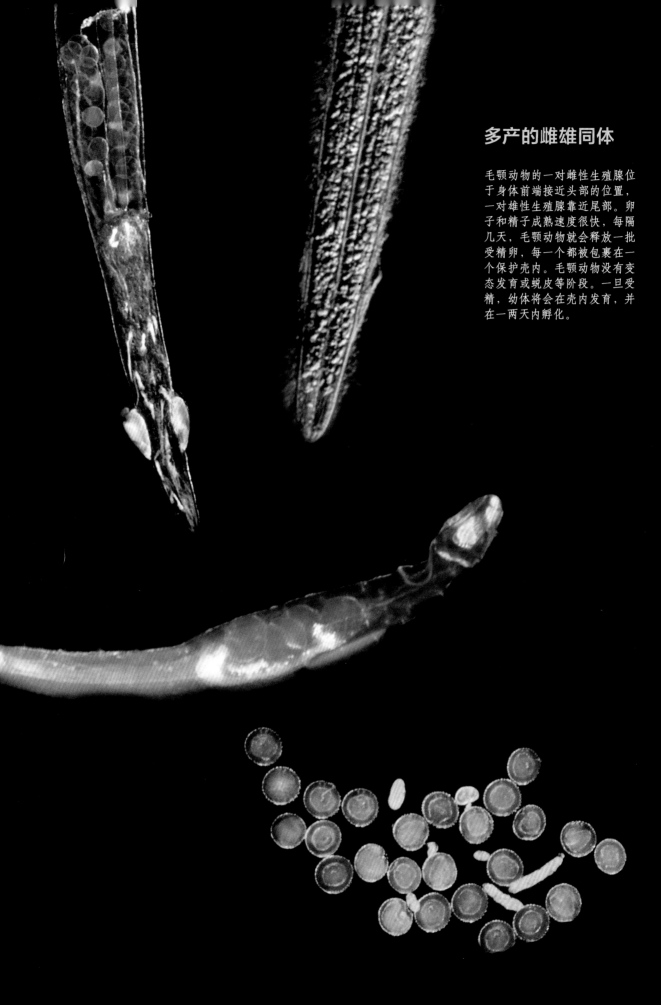

多产的雌雄同体

毛颚动物的一对雌性生殖腺位于身体前端接近头部的位置，一对雄性生殖腺靠近尾部。卵子和精子成熟速度很快，每隔几天，毛颚动物就会释放一批受精卵，每一个都被包裹在一个保护壳内。毛颚动物没有变态发育或蜕皮等阶段。一旦受精，幼体将会在壳内发育，并在一两天内孵化。

多毛类环节动物

海洋中的蠕虫

不论是菜园里的蚯蚓还是海洋深渊中巨大的海洋蠕虫，都属于环节动物，即身体皆由许多形态相似的环形体节组成。在已知的12000种环节动物中，大部分都在泥或沙中爬行和钻洞，或栖息在它们自己搭建的管子中。环节动物通过收缩纵肌和环肌实现游动或爬行。肌肉组织、纤维质的角质膜以及体腔液，从头部延伸至肛门，组成了环节动物强壮而灵活的骨架结构。

许多种类仅在胚胎或幼虫阶段短暂营浮游生活。但一些环节动物，以多毛类为主，整个生命周期都是营浮游生活的。多毛类属于环节动物门，多毛纲，其英文polychaete源自希腊语的"许多"和"毛发"。有时候多毛类也被称作是"毛足虫"，因为在它们许许多多的附肢——疣足末端有数不清的刚毛。每个体节上具有一对疣足，这些疣足像桨一样使多毛类在水中游动。

多毛类的多样性极高，有数千个种类，遍布几乎所有的水生和海洋生境。其中，浮蚕科（Tomopteridae）是最不同寻常的类群之一。与大多数多毛类不同，浮蚕科多毛类没有刚毛。它们通过拍打疣足在水中快速游动，并利用两条长长的触手捕捉猎物，例如毛颚动物或仔鱼。在某些情况下，浮蚕（Tomopteris）能闪烁黄光并释放一团颗粒物，这可能是一种防御机制。为了躲避捕食者，它有时会蜷曲成一个紧致的球然后下沉。多毛类的

亚历山大·谢米诺夫 摄

另一个科——眼蚕科（Alciopidae），则是利用一对具有晶状体的巨大眼睛探测猎物和捕食者。

其他多毛类，如沙蚕（Nereis）和多链虫（Myrianida）通常在泥或沙中爬行，但是在繁殖期呈浮游状态。在快到满月或大潮时，它们转变为浮游生活的生殖态。生殖态眼睛变大，疣足变形以适应怪异的游泳姿态。成千上万的生殖态多毛类聚集成群，同步释放雌雄配子以获得最佳的受精机会。在太平洋群岛上，漂蚕（Palolo）夜间会聚集在近岸的珊瑚礁周围。岛上居民会在此时捕捉漂蚕制作美食，来欢度传统庆典和节日。漂蚕带有配子的后端可以有多种多样的料理方式，是当地一道著名的美味佳肴。

下田湾的环节动物

一个秋天下着暴风雨的早晨，我们乘船前往下田湾，利用筛绢孔径为20～200微米的网具采集浮游生物。回到实验室，我们分拣、清洗了不同的多毛类环节动物，并拍摄照片和视频。其中包括一个挂卵的亮绿色生殖态个体。

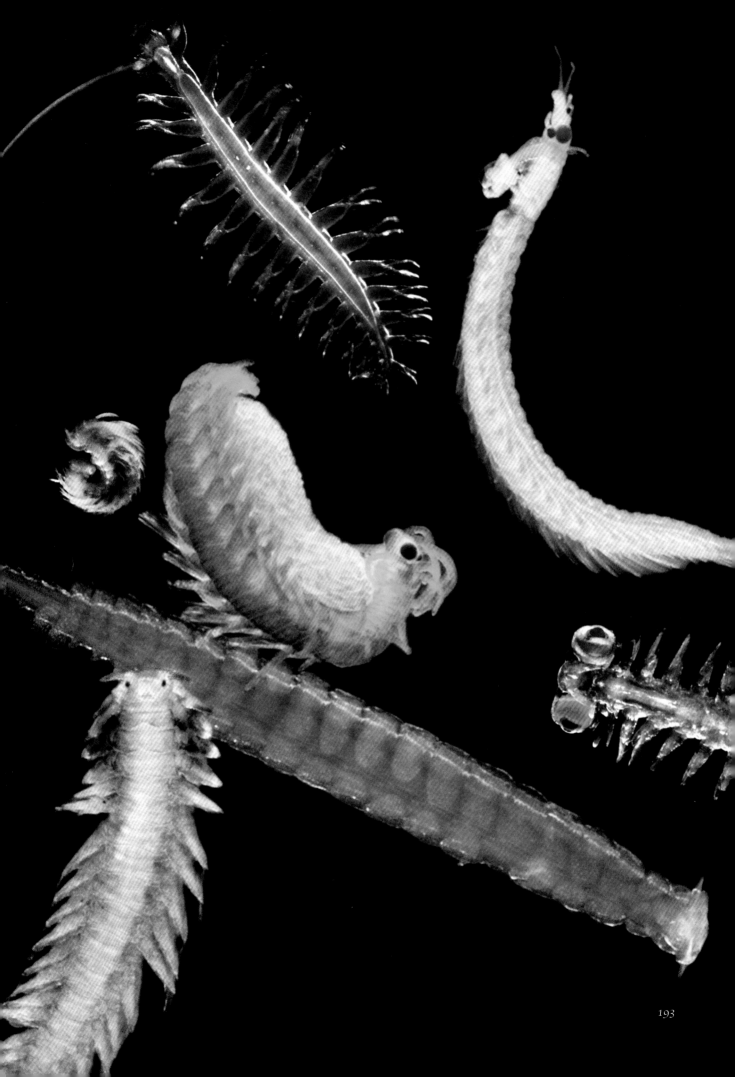

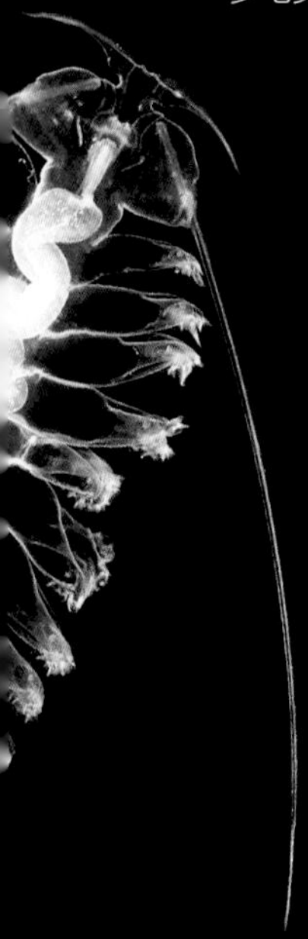

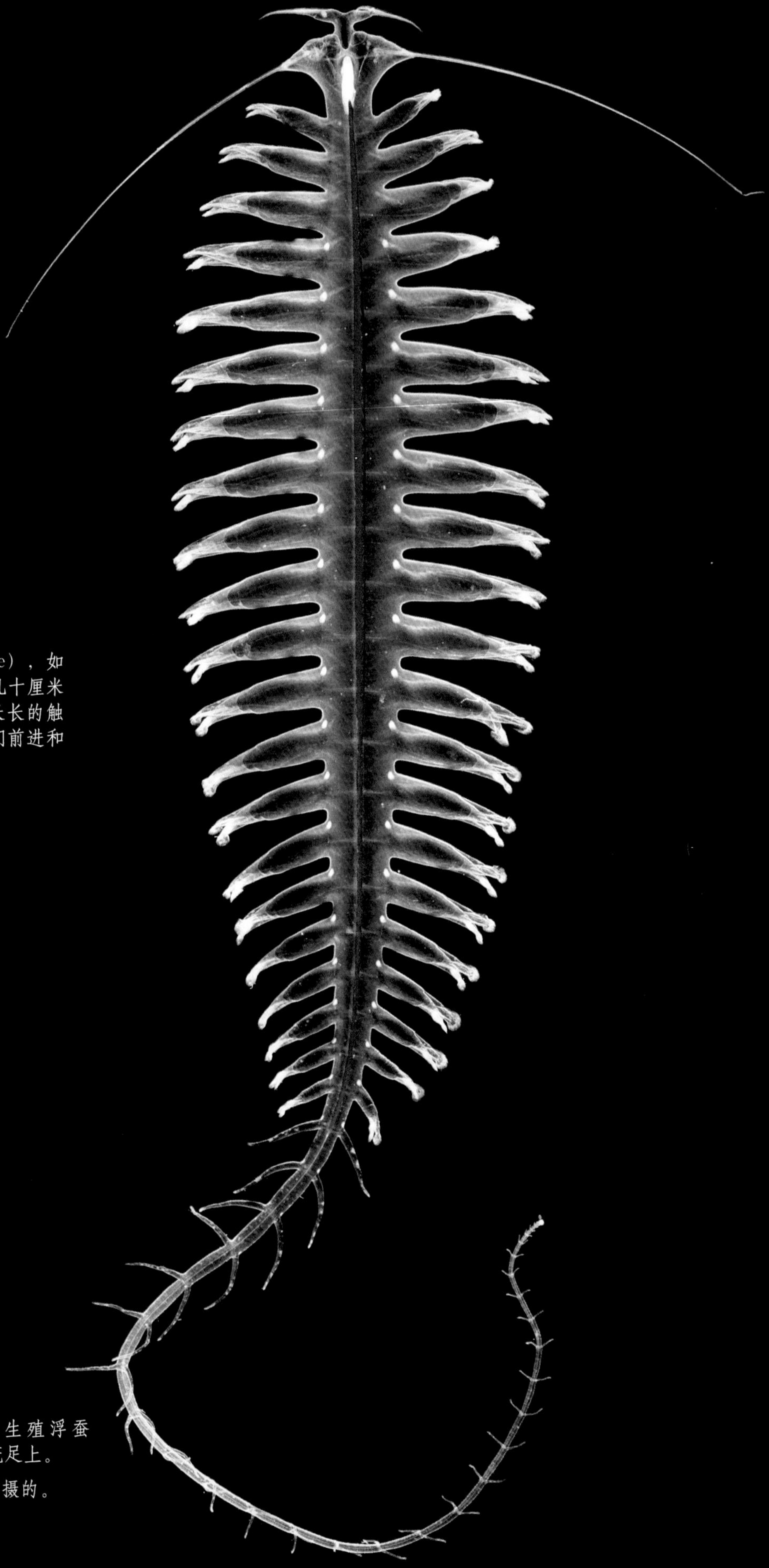

浮蚕科多毛类

浮蚕科多毛类（Tomopteridae），如 *Eunapteris* sp.体长几毫米到几十厘米不等。这些游泳健将有两条长长的触须和灵活的疣足，是推动它们前进和捕食浮游动物的利器。

凯伦·奥斯本　摄

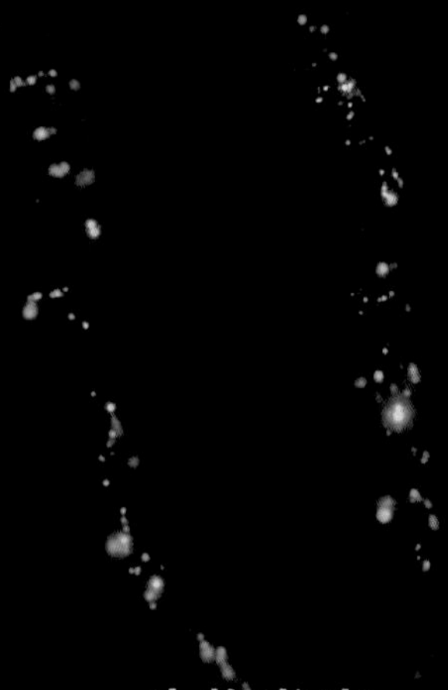

生物发光

发出黄绿光的发光腺体位于生殖浮蚕（*Tomopteris helgolandica*）的疣足上。图上的黄绿光是利用接触印相拍摄的。

珀·弗拉德　摄

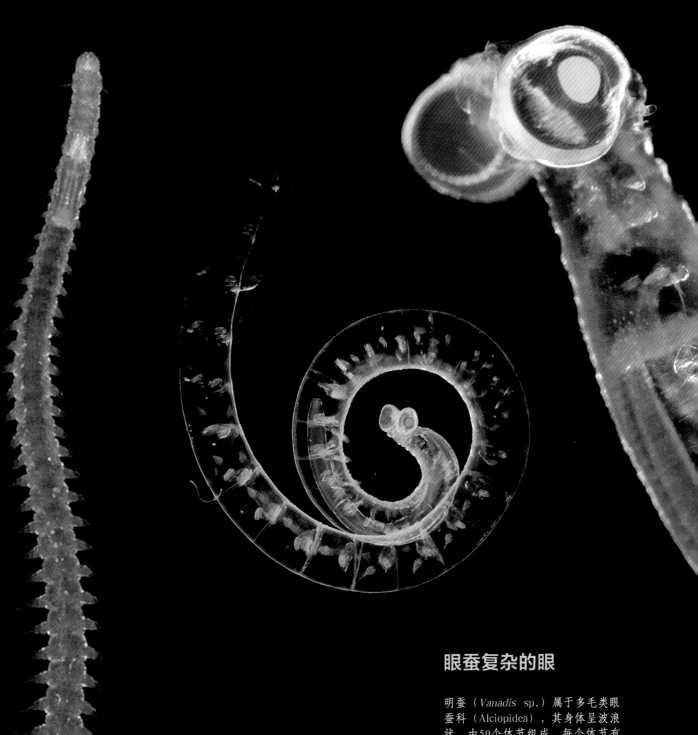

一种环节动物——杂毛虫（*Poecilochaetus* sp.）仅在胚胎和幼体阶段营浮游生活。

眼蚕复杂的眼

明蚕（*Vanadis* sp.）属于多毛类眼蚕科（Alciopidea），其身体呈波浪状，由50个体节组成，每个体节有两只黄色疣足，疣足末端是刚毛。明蚕的眼睛直径约1毫米，具有晶状体和巨大的红色感光器，因此能够成像。通常这些多毛类漂浮在水中难以被察觉，静候并捕捉浮游动物。但是，它们也能快速游动并主动出击捕食猎物。

怪异的生殖方式

多毛类环节动物，包括那些在海底爬行的种类，具有一种特别的生殖方式，称作生殖态。随着季节和月亮的盈亏周期，成年多毛类有节律地发生形态变化。一些种类将带有生殖腺的后端脱落。这些脱落的后端成为一个分离的个体，即生殖态，短暂营浮游生活。生殖态是专门进行繁殖的个体，携带卵子和精子的生殖态在海里聚集成群。雄性生殖态围绕在雌性周围并向它们大量释放精子。受精后，胚胎在雌性生殖态的孵卵囊里发育。若干天后，她将幼虫释放到海水中。由于无法进食，雌体迅速死亡。

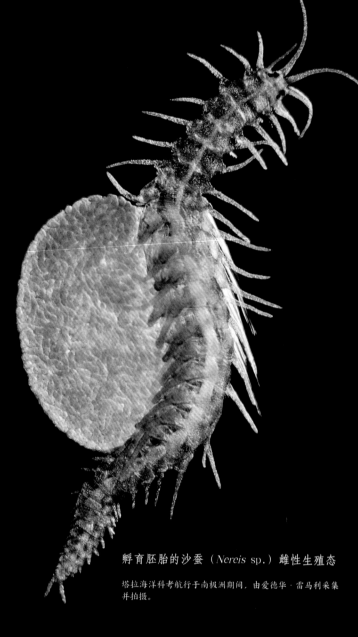

孵育胚胎的沙蚕（*Nereis* sp.）雌性生殖态

塔拉海洋科考航行于南极洲期间，由爱德华·雷马利采集并拍摄。

幼虫和幼体

不论成体阶段是营底栖生活或营浮游生活，环节动物的胚胎、幼虫和幼体阶段均是营浮游生活的。

本页：两只多毛类疣足幼虫围绕着一只蓝色的欧文虫（*Owenia* sp.）笠状幼虫。

对页：两只环节动物幼体。

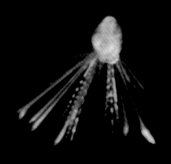

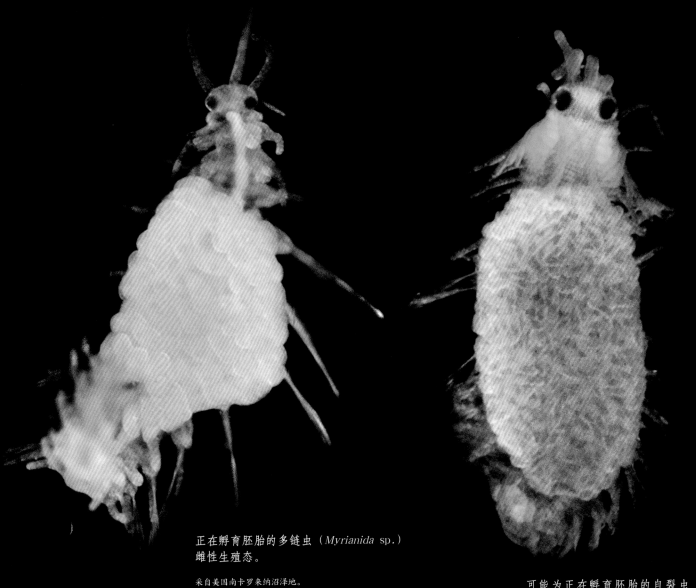

正在孵育胚胎的多链虫（*Myrianida* sp.）
雌性生殖态。

采自美国南卡罗来纳沼泽地。

可能为正在孵育胚胎的自裂虫
（*Autolytus* sp.）雌性生殖态。

采自日本下田湾。

纽鳃樽、海樽和火体虫

高度进化的胶质动物

尽管纽鳃樽看起来只是简单且原始的胶质生物，但它们有一个心脏、一个鳃，甚至有一个类似胎盘的结构。纽鳃樽、海樽和火体虫同属于脊索动物门、尾索动物亚门、海樽纲。尾索动物亚门还包括海鞘纲和幼形纲（又称有尾纲），是最接近脊椎动物（如鱼类和人类）的无脊椎动物。尾索动物有一个共同特征，即背部有一个灵活的杆状组织——脊索。这个胚胎结构继续进化，成为脊椎动物的脊柱。纽鳃樽、海樽和火体虫终生营浮游生活，都具有一个被称为"被囊"的保护层，因此它们也有一个别名"被囊动物"。

纽鳃樽既可以独立生活，也可以由多个相同的个体连结成长链营群体生活。纽鳃樽最显著的特征是透明的身体里有不透明、棕色的"核"，里面含有它的内脏。较小的纽鳃樽约几毫米，而个体巨大种类如大纽鳃樽（*Salpa maxima*）约有 30 厘米。不论大小，所有的纽鳃樽一边运动，一边利用它们强有力的环状横纹肌带将含有浮游植物的海水泵入其管状的身体中。这些微藻增殖时，纽鳃樽即可饱餐一顿。由于食物充足，纽鳃樽就开始爆发性地繁殖。

进行无性繁殖的单生纽鳃樽被称作无性个体，它们出芽产生一个生殖根，并分裂为多个相同的有性个体。数百个相同的个体形成长达数米的长链，通过电信号使它们的游动保持同步。链状的有性个体逐步发育成熟，最终相互分离后开始有性生殖。每个个体生成一个卵巢。

法比安·朗伯德　摄

受精后，胚胎在体内发育，类似于原始胎盘的组织环绕在胚胎周围。胚胎将会变为一个新的无性个体。几天内，一个无性个体可以生出成千上万个新个体。爆发的纽鳃樽种群有时会覆盖数百英亩的海域，产生大量的粪便颗粒，成为水体中其他生物的营养来源。当食物耗尽，纽鳃樽会被细菌和病毒感染，并成为甲壳动物的食物。大量残余的个体即以有机碳的形式沉入海底。

火体虫是纽鳃樽的近缘生物，是一类会发光的被囊动物，它们会聚集形成长筒袜状的群体。群体由许多相同的个虫组成，共享一个纤维质被囊。火体虫通过个虫的鳃滤食细菌和微型生物。一些火体虫个体巨大，潜水员甚至可以钻进群体中间的空穴中。

一只纽鳃樽的无性个体

这个双尾纽鳃樽（*Thalia democratica*）采自法国滨海自由城海湾。图片上部可见，入水口与黏液网相连，用来收集微型生物作为食物。中部，长条状的鳃腔内长有许多纤毛，纤毛的摆动帮助水流进入体内。下方是被称作"核"的消化系统以及一条初生的有性个体链。

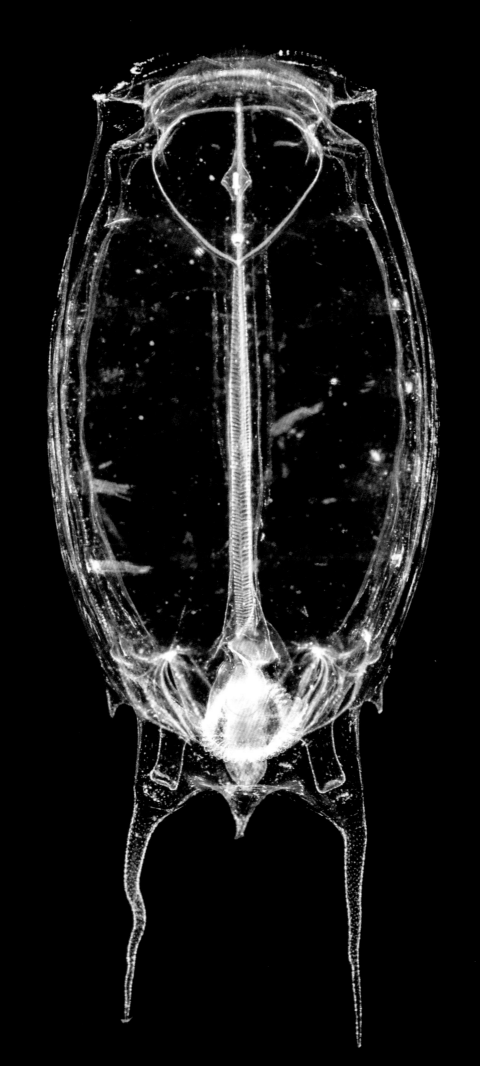

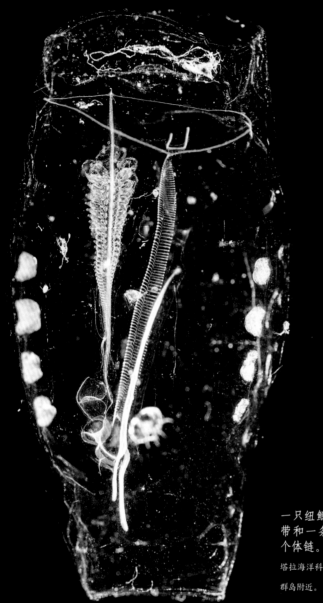

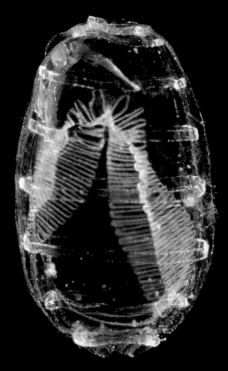

一只邦海樽（*Doliolum nationalis*）的无性个体，由出芽生殖发育而来，图中可见环状肌带和具有纤毛的鳃裂。

秋季采自日本鸟羽湾。

一只纽鳃樽，有4条环状肌带和一条正在生长的有性个体链。

塔拉海洋科考于春季采自加拉帕戈斯群岛附近。

神经和肌肉

纽鳃樽的神经系统由一个中枢神经节和一个原始的大脑组成，并有一个杯状的红色色素细胞形成眼（左），用以感光。神经网络从中枢神经节向外辐射并控制横纹肌（右）。

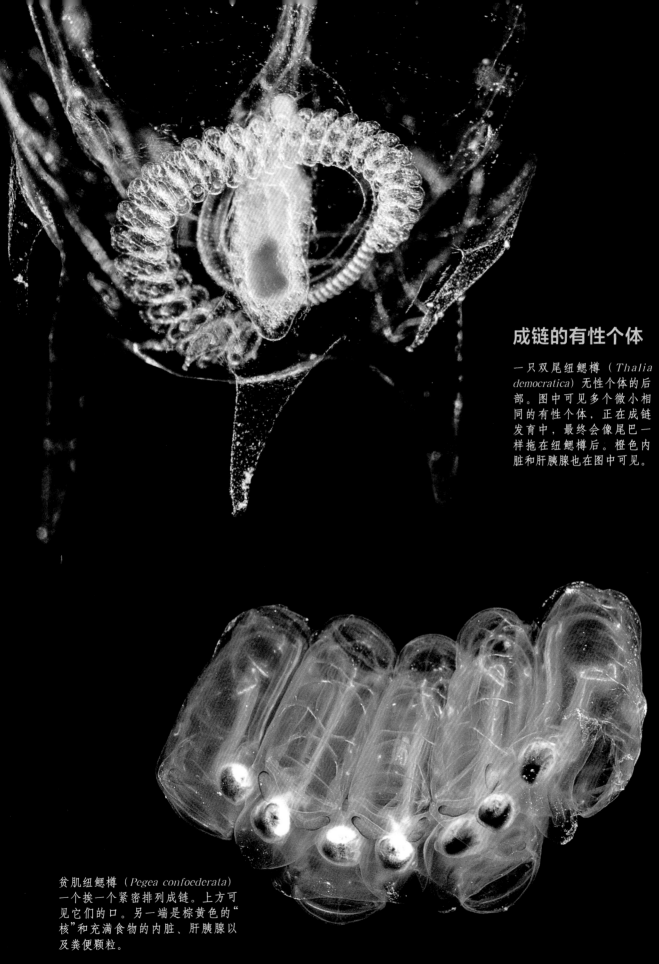

成链的有性个体

一只双尾纽鳃樽（*Thalia democratica*）无性个体的后部。图中可见多个微小相同的有性个体，正在成链发育中，最终会像尾巴一样拖在纽鳃樽后。橙色内脏和肝胰腺也在图中可见。

贫肌纽鳃樽（*Pegea confoederata*）一个挨一个紧密排列成链。上方可见它们的口。另一端是棕黄色的"核"和充满食物的内脏、肝胰腺以及粪便颗粒。

大卫·罗贝尔于加州潜水时拍摄。

聚集成群的火体虫

火体虫群体由数百个相同的个虫组成。群体呈圆柱形，一端开口，一端封闭。本页右侧和对页的放大图中可见个虫上具纤毛的鳃裂。这些鳃裂高效地过滤并富集微型生物，成为火体虫的食物。

左侧黄色的火体虫于塔拉海洋科考期间采自厄瓜多尔沿岸。

对页：发光生物大西洋火体虫（Pyrosoma atlanticum）的放大图。火体虫的名字源于希腊语pyro和soma，意为"火"和"身体"。每个个虫都有一对能够发出淡蓝色光的发光器官。整个群体（上图）大约3厘米。法国自然学家佩龙在1803年第一次描述了大西洋火体虫。

潜水员于春季采自法国滨海自由城海湾。照片由斯蒂芬·希伯特拍摄。

幼形虫

生活在网中的"小蝌蚪"

幼形虫，又名有尾类，属于尾索动物亚门，幼形纲（又称有尾纲）。其躯干呈椭圆形，尾部长且灵活，看起来极像蝌蚪。在幼形虫的上皮中有一群大粒径的细胞，具有结构复杂、呈手形的核，能够分泌蛋白质和糖类，形成精细的筛网。这一网状结构既是一个"住屋"又是一个滤食器，虫体位于"住屋"中央。蝌蚪状的幼形虫摇摆着它有力的尾部，制造出水流使细菌、藻类、原生生物以及小颗粒物流入滤食器并进入口中。幼形虫一天中会有若干次离开被食物阻塞的"住屋"，在周围猛烈的游动，随着尾部的快速运动，分泌出一张全新的网。

幼形虫的尾部肌肉和与之相连的脊索是尾索动物的典型特征之一。幼形虫发育不经过变态，终生保持它们类似蝌蚪的外形，幼形虫也因此而得名。与之相反，海樽和海鞘只在短暂的幼虫阶段形似蝌蚪。幼形虫的寿命很短，最多只有数日。它们的胚胎发育速度快，每隔几分钟细胞分裂一次，仅在两到三天内即可发育成为性成熟的成体。大部分幼形虫种类是雌雄同体，但个别种类，如异体住囊虫（*Oikopleura dioica*）则是雌雄异体，雄性和雌性有明显区别，在头部有一个像头盔一样的生殖腺。它们将精子和卵子释放到海水中进行受精，成体不久便死亡。幼形虫寿命短、生长速度快，它们在全球各个海域中增殖形成庞大的群体，是食物链和全球碳循环的重要环节。幼形虫的"住屋"和聚集在筛网上的碎屑是颗粒物——"海雪"的重要组成部分。废弃的"住屋"随着幼形虫富集的细菌和微生物共同沉入海底。通过这一过程，最初由浮游植物从大气中固定为生物量的二氧化碳最终回归到了化学形态。

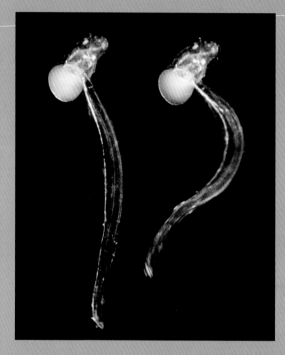

形似蝌蚪的幼形虫建造的"房"

上：一只裸露的幼形虫。图片呈现了它尾巴摆动时的两种姿态。
对页：异体住囊虫（*Oikopleura dioica*），在其网状滤食器的中部有一个白色的椭圆形结构。在实验室中，我们使用墨汁和洋红颗粒将透明的结构染色并拍摄。

采自美国弗赖迪港，借助放大镜和闪光灯拍摄。
珀·弗拉德 摄

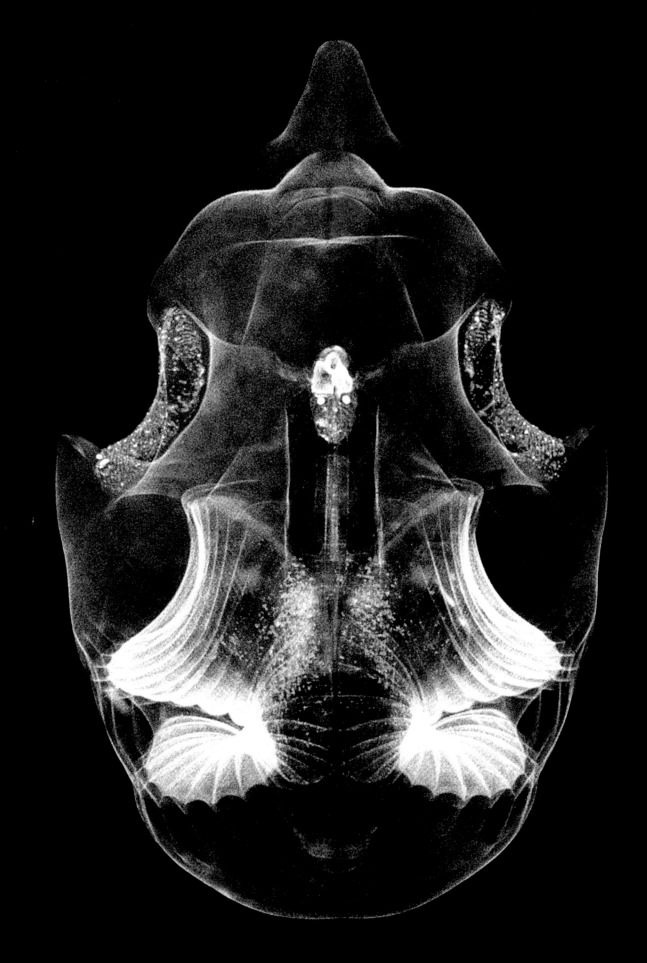

雄性和雌性配子

与大多数雌雄同体的幼形虫不同，异体住囊虫（*Oikopleura dioica*）是一个雌雄异体的种类：每个个体或为雄性或为雌性。雌性生殖腺含有卵子（左），而雄性生殖腺含有精子（右），看起来就像戴在头顶的头盔。19世纪80年代，法国滨海自由城海洋站建立了异体住囊虫的室内培养方法，使之成为实验室模式生物。它的生活周期极其短暂，只有一周。而且，其基因组是已测序的动物基因组中最小的。也许异体住囊虫快速的生命周期和高度简化的基因组之间有所关联。

由珀·弗拉德采集并拍摄。

幼形虫搭建自己的"住屋"和"滤食物器"

幼形虫每四五个小时会分泌一张新的网并扩大它的"住屋"（左），先前的网被堵塞后，则被丢弃。精密的筛网（中）是由上皮细胞分泌的大分子形成，这些成群的上皮细胞专门负责制造"住屋"的不同部分。特异性结合DNA的荧光标记显示，这些细胞巨大的细胞核中含有幼形虫基因组的多个拷贝（右）。

中间的及右侧的图由埃里克·辛普森，菲利普·加诺和恩迪·斯普利埃拍摄。

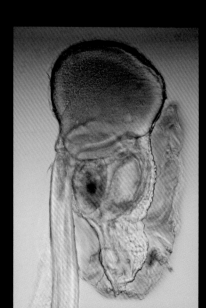
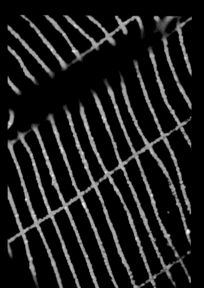
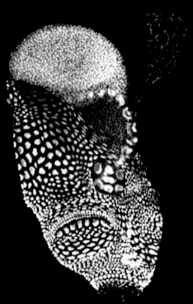

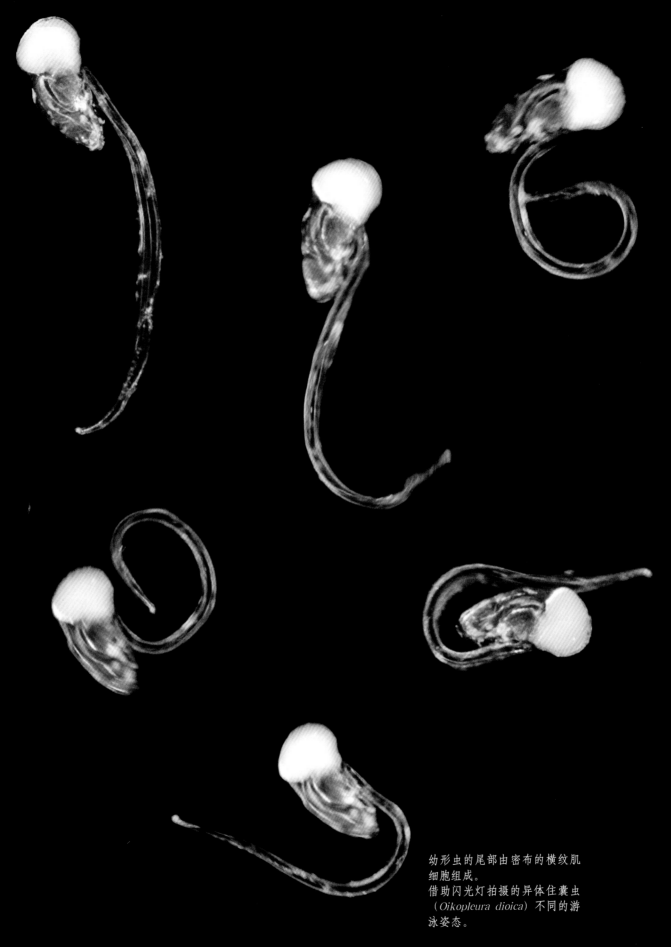

借助闪光灯拍摄的异体住囊虫
（Oikopleura dioica）不同的游
泳姿态。

幼形虫的尾部由密布的横纹肌
细胞组成。
借助闪光灯拍摄的异体住囊虫
（Oikopleura dioica）不同的游
泳姿态。

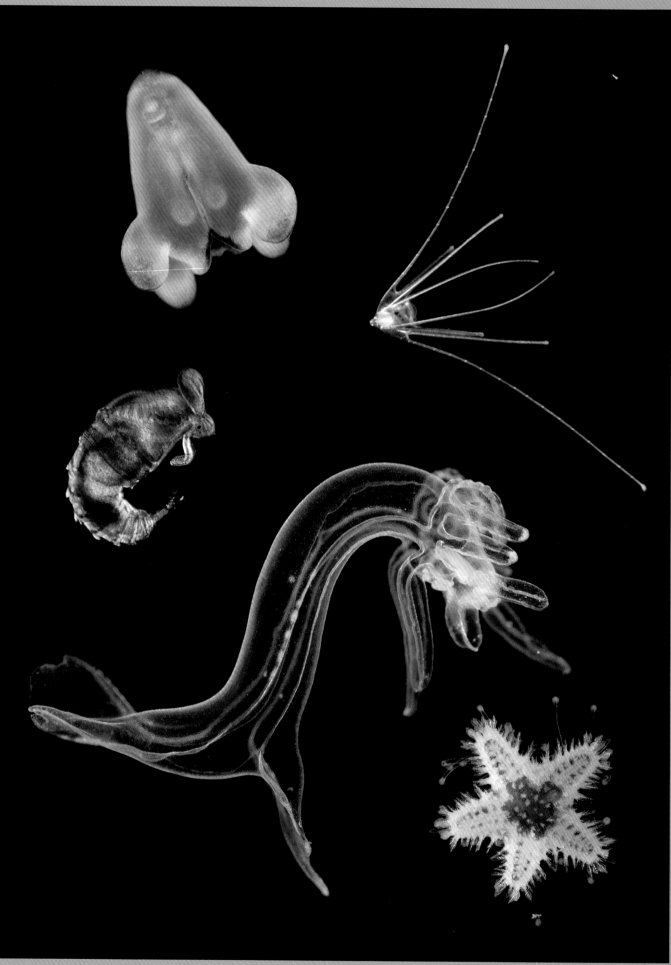

胚胎和幼虫

在浮游生物中，有大量的各类动物的胚胎和幼虫。这些胚胎和幼虫不仅来自终生营浮游生活的成体，还有许多来自生活在海床和沿岸的底栖生物，如海胆、海葵、珊瑚、螃蟹和贝类。浮游生物中也包含了大量配子。尽管仔稚鱼通常与成鱼外形相似，但是绝大多数海洋生物的幼虫和它们的父母毫无相似之处。在早期海洋研究中，幼虫通常被命名为溞状幼虫或浮浪幼虫，有时会被误认为是与其成体不同的另外一个物种。幼虫和幼体营浮游生活时，必须摄食、生长，有许多种类需要经历蜕皮，才会最终发育为成体。

尽管有例外，但大部分棘皮动物，如海星、海胆和海参，成体是营底栖生活的，在海床上缓慢地移动，以软体动物或藻类为食。但是棘皮动物的幼虫阶段是营浮游生活的。通常，月圆或风暴前，海胆会向海水中释放数百万个卵子和数十亿个精子。配子在

开阔大洋中完成受精，形成无数胚胎。每个胚胎随后发育为以浮游植物为食的长腕幼虫。在漂浮了数周后，每个长腕幼虫经历变态发育，在体内形成一个迷你的幼海胆。周围的幼虫组织逐渐被初生的海胆消耗，孵化出的海胆就利用它的管足在岩石和海藻上运动。

这种变化常见于大多数幼虫阶段营浮游生活的种类。幼虫和幼体营浮游生活，如果存活下来，有的发育成浮游动物成体，而另一些最终营底栖生活，或成为能在海水中自由游动的游泳生物。胚胎和幼虫是水母、虾类、鱼类和其他海洋生物的重要食物来源。因此，海中漂浮的大量卵子、胚胎和幼虫中只有极小部分最终能发育为成体。尽管如此，巨大产量中幸存的小部分足以补充种群并繁衍生息。

这是谁的幼虫？

自上而下：角海葵（*Cerianthus* sp.）幼虫；棘皮动物蛇尾的长腕幼虫；环节动物燐虫（*Chaetopterus* sp.）幼虫；刚释放了一只幼体的砂海星（*Luidia* sp.）幼虫。

海星幼虫和幼体由斯蒂芬·希伯特拍摄。

从海胆的卵到
长腕幼虫

1. 雄性海胆释放出数十亿个精子，
与雌性释放的数百万个卵子在海水
中受精。

2. 卵细胞分裂，形成胚胎。

3. 胚胎在两天内发育成长腕幼虫。

4. 长腕幼虫以绿藻为食并生长。

5. 在数周内，长腕幼虫变态发育成
幼海胆。

6. 海胆（*Paracentrotus lividus*）

采自滨海自由城海湾。本页面上方图片由谢里
夫·莫沙克、诺埃·萨尔代和弗拉维·莫克弗摄。

1

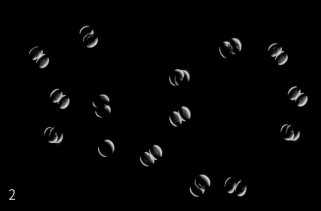

2

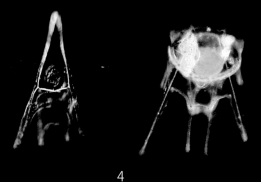

3

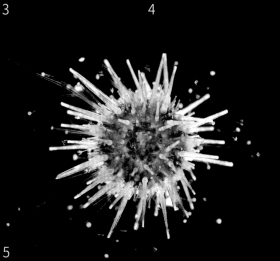

4

5

6

多样的幼虫形态和行为

右：两只软体动物的幼虫，利用纤毛快速游动。
中：帚虫幼虫利用它的伞部运动。
最右：海星幼虫利用长腕游动，游泳姿态怪异。

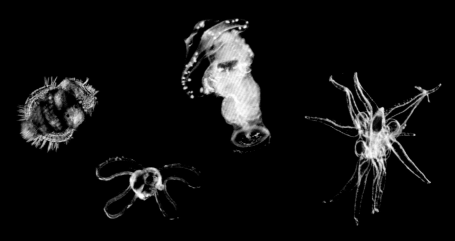

浮游生物中的鱼类

在鳍和尾完全发育成熟之前，鱼类还无法自由游泳，它们的胚胎和仔稚鱼营浮游生活。

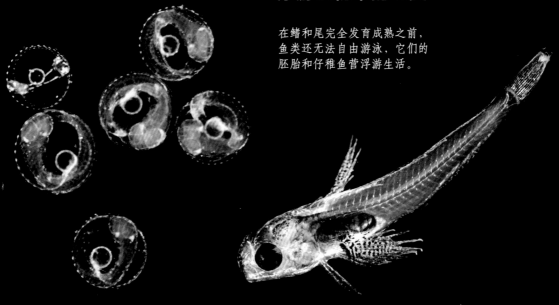

海鞘：在一日内从卵发育为"蝌蚪"

大部分被囊动物附着在海床上，并向海水中释放大量卵子和精子。受精后，胚胎在一天内即可发育成一个营浮游生活的蝌蚪状幼虫。幼虫由3000个细胞组成。

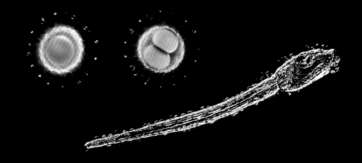

后 记

　　全球浮游生态系统约有超过 100 万种浮游生物。其中，仅有不到四分之一，约 250000 种被正式地描述。这本书描绘了 250 种代表生物，展示了一部分海洋浮游生物的美丽和多样。对于书中未涉及的种类，一些可能与书中描绘的近缘种类相差甚微，而另一些则有着完全不同的形态、行为和功能。通常，我们熟悉的浮游生物都是那些数量多的类群，且来自广泛研究的海区或深度。仍有许多未知有待探索！

　　浮游生物是海洋食物链的重要组成部分，是鱼类、贝类和人类赖以生存的食物来源，与全球海洋和大气的健康息息相关。由于大气中二氧化碳浓度升高、海洋酸化、过度捕捞和各类污染，浮游生态系统正遭受巨大的威胁。许多科学家认为，对浮游生态系统的多样性和浮游生物与环境关系的认识亟待提高。这就要求对全球生物进行分类和记录，将生物多样性与时空变化相关联。另一些研究者正在探究环境条件与浮游生物迁移、增殖或衰退的相互作用。

　　对其余四分之三，即未知的浮游生物的采集、描述和分类是目前及未来几代科学家面临的巨大挑战。海洋是如此广袤，由于自然流动和人为活动，海洋环境又在不断变化中。浮游生物的出现频率和丰度均随着时间和地点的变化而变化。我们的探索才刚刚开始，距离揭晓答案还有很长一段路程。我们需要在互相连接的生态系统中，在浅海及深海海域随着潮汐、洋流、昼夜周期、季节和年际变化（例如，厄尔尼诺－南方涛动现象），追踪无数生物种类的动态生活史。这可能会让你对此项任务的规模之大有一个初步的认识。

　　那么，这项任务从何处入手呢？学术和科研机构的长期项目持续提供大量的采样数据，同时主要依靠独立机构，如非政府组织的科研和监测网络提供数据补充。另外，还有一种新型参与形式促进了科学的发展：流动的志愿者利用私人船只在近岸及远洋海域记录浮游生物的丰度。但是，对浮游生物的描述和计数，仅依靠海洋科考船的采样或卫星观测，不足以反映海洋生命的复杂程度。对于人类而言，我们才刚刚开始认识到自身的组成中有大量的细菌和病毒，它们生活在我们的肠道中及皮肤上。同样，对于每一个浮游生物个体，也是如此。每个个体代表了一个浮游生态系统，涵盖了一大批细菌、病毒、寄生生物和共生生物。这些个体形成了群落，它们依靠化学信号、营养依赖、繁殖和生存关系相互联结。如今，海洋科学家开始利用生物医学领域先进的成像和基因组技术。例如，塔拉海洋科考和全球海洋采样科考，这两个项目产生了令人难以想象的庞大的基因信息。我们可以预见，在未来若干年，通过数据挖掘和分析技术可对这些信息进行更有效的处理，但从这些数据信息中我们所得到的结果也仅仅是冰山一角。

　　除了生物多样性和生物地理学，我们希望更好地认识浮游生物的生存环境是如何改变的，以及浮游生物是如何响应环境变化的。这两个研究方向包含了诸多令人兴奋且重要的科学问题，例如，是什么因素导致了浮游植物爆发，这会对其他生物及海洋化学产生什么影响？当光照、温度、盐度和营养盐适宜时，一些原生生物种群，例如放射虫、硅藻、甲藻和其他微藻可以迅速增殖并达到极高的浓度。浮游植物爆发有时候规模庞大，以至于改变海水的颜色，这甚至可以从卫星上观察到。当它们耗尽营养盐并被其他生物捕食，则会快速消失，亦如它们突然出现一般。这些单细胞的增殖继而引发了浮游动物捕食者的爆发，浮游动物自身又是许多大型生物的饵料，包括鲸鱼和鲨鱼。但是，成因和影响，从来都不是那么简单。浮游生物群落和食物网结构之间的关系受到许多因素控制，包括环境条件的变化、生物间的相互作用和响应以及微生物活动对有机物的回收利用。

在这个瞬息万变的世界，浮游生物的未来将会如何？在印度和巴哈马沿岸的大片区域，过量的二氧化碳吸收导致海洋酸化，事实上这如同一场大规模的实验。有些浮游生物种类能够调节适应，而另一些，尤其是依靠钙来制造外壳或骨架的种类可能会因此消失。相同的情况也适用于许多沿岸的缺氧地区，这些"缓慢死亡区"大多分布在主要河流系统的河口。大量农业化肥随河水流入海中，硝酸盐和磷酸盐刺激海水表层的浮游植物生长，深层的细菌大量增殖，最终导致溶解氧耗尽。

海洋浮游植物占地球光合作用总量的近一半。监测单细胞光合生物在不同季节及不同区域的变化并不是件容易的事。数据显示，在过去一个世纪，全球海洋浮游植物数量急剧下降，尽管该结果备受争议。我们是否正在目击一场真正的浮游生物全球衰退，或者浮游生物分布的大规模改变，这需要进一步研究。海洋表面温度升高，幅度虽小但具有持续性，因此加剧了海水分层，改变了大气和海洋的环流模式，继而导致浮游生物地理分布的改变。

可以肯定的是，许多物种将会被迫适应这些变化。过去 50 年，对桡足类飞马哲水蚤（*Calanus finmarchicus*）的追踪研究发现，这些生活在寒冷水域的小甲壳动物数量减少，而它的近缘物种——海哥兰哲水蚤（*Calanus helgolandicus*）的数量则在变暖的气候条件下增加。冷水性桡足类数量的减少，直接影响了它们的捕食者，例如冷水鱼鳕鱼，食物的减少对其造成了致命的影响，而过度捕捞又使之加剧。从另一方面，一些暖水捕食者，例如水母，正蓬勃生长。哪些浮游生物将从饱受扰动的海洋生态系统中获益？一些科学家预测，水母最有可能在可预见的第六次大灭绝中幸存下来，最终有一天会统治海洋。只有时间会告诉我们答案。

在实验室中，我们利用模式生物开展研究并获得新的认知。在野外，我们观察生物种群的集体行为，如桡足类在水体中的昼夜移动，仍有许许多多有待探索。新型、精密的观测设备，如浮标、水下滑翔机和深潜器帮助我们更细致地解析海洋结构、更准确地追踪微生境中的生物。终有一天，这些设备也将用于探测并报道生物的基因和化学信号。概念船"海洋探测者"（Sea Orbite）的设计理念就是与浮游生物共同漂流，在未来有望成为广泛使用的海上观测及实验平台。到那时，本书中所展示的静态画面将会被实时传播，呈现浮游生物独一无二的美丽和多样。

克里斯蒂安·萨尔代和拉斐尔·D.罗森加滕

致 谢

本书"浮游生物志"计划源于诸多个人和专业经历，这些经历仿佛一场场探险之旅，将我带入浮游生物世界。

"家庭探险"始于我 12 岁的时候。我儿时住在法国西部一个叫梅勒的村庄。爷爷马克给了我一台小显微镜，用来观察池塘里的小动物。我很幸运，后来能成为一名生物学家和研究人员，在法国巴黎、滨海自由城和罗斯科夫及美国伍兹霍尔、蒙特利和弗莱迪港从事研究工作，继续追求我儿时的梦想。我和儿子诺埃及他在蒙特利尔的同事谢里夫·莫沙克会同法国国家科学研究中心，在 2008 年启动了"浮游生物志"计划。多年以来，得益于许多人对我的关爱和支持，包括我的妻子戴娜、妹夫泰德和所有称我为"浮游生物哥哥"或"浮游生物叔叔"的人们。编辑本书英文版时，我的外甥拉斐尔·罗森加滕，作为一名分子生物学家和作者将他的专业应用到这项工作中。感谢马克·欧曼提供了许多建设性的意见并为本书写了精彩的序言。

在学术探索之旅中，我致力于分子和细胞研究，在里昂、伯克利及吉夫伊维特的工作奠定并引领了法国滨海自由城海洋站在受精、胚胎及浮游生物方向的研究。这是一个完美的学术交流场所，聚集了来自世界各地的学生、同行及合作者。 在美国和欧洲我有幸与引领显微镜成像技术革命的人员共同工作。这为我日后拍摄大量细胞、胚胎和生物奠定了基础。

另一个正在进行的冒险——塔拉海洋科考，带我踏上了探寻浮游生物的环球之旅。这个项目由生物学家埃里克·卡森缇和盖比·戈斯基发起，得到了阿涅斯贝家族、 艾蒂安·布尔古瓦、罗曼·特鲁布雷和他们杰出团队的无私支持。十分感谢所有的塔拉项目成员、共事的科学家及水手们。我经常请教他们关于航海及采样的技术，以及诸多有关浮游生物的难题。

感谢艺术家和树木摄影家塞德里克·普莱特， 将我引见给 Editions Ulmer 出版社的安托万·伊桑贝尔特和纪尧姆杜·普拉特。我们一拍即合，希望一起创作一本精彩的书。同时感谢芝加哥大学出版社的克里斯汀·亨利，感谢她在发表此书英文版时的热情帮助和指导。

我还要感谢所有的生物学家，让我受益匪浅：我在细胞及胚胎研究上的长期合作伙伴珍妮特·切尼沃特、伊芙琳·霍利斯顿以及整个 Biodev 团队，他们理解并鼓励我把研究焦点从细胞和胚胎转向浮游生物；动物学家克劳德·卡雷和约翰·杜兰促进了我对专业知识的不断学习，拓宽了我的知识领域；凯伦·奥斯本、杰瑞米·杨、马库斯·文宝尔、斯特凡·西伯特、 凯西·邓恩、 约翰·多兰和克劳德·卡雷，慷慨地提供了照片及重要的资料；所有提供样本、图像及专业支持的同事们：萨夏·波利特、珀尔·弗勒德 、雷别卡·赫尔姆、 克里斯托夫·格里克、 安娜·德尼奥、戴维·卢凯、让-吕克·普雷沃斯特、让-伊夫·卡瓦尔、索菲·马洛、玛丽-多米尼克·皮泽、伊万·佩雷斯、珍妮·朗帕尔、让-路易斯·多米尼克·贾米特、法比安·伦巴第、科莱特·费伯尔、让-雅克·潘格拉齐、玛蒂娜·法拉利、 艾德里安娜·津戈内、 菲利普·拉瓦尔、埃里克·汤普森、 马特·沙利文、约翰·迪塞尔、塞巴斯蒂安·科林、 克里斯蒂安·鲁维耶、 法布里斯·非、科隆邦维德、 玛歌·卡迈克尔、 克里斯·鲍尔斯、丹尼斯·艾伦、 田中明子、山田里氧、津吉百濑、 西田广树及山田里氧。

感谢所有以各种形式给予帮助的人，是他们使这个项目得以实现。

图片拍摄者名单

除以下所列图片外，其余均由克里斯蒂安·萨尔代（Christian Sardet）拍摄：

尚塔尔·阿贝热尔（Chantal Abergel）和让·米切尔·克莱维瑞（Jean-Michel Claverie），法国国家科学研究中心（Centre National de la Recherche Scientifique, CNRS），地中海微生物研究所（Institut de Microbiologie de la Méditerranée, IMM），结构与基因组信息实验室（Information Génomique et Structurale, IGS），法国马赛，第33页

丹尼斯·艾伦（Dennis Allen），南卡罗莱纳大学（University of South Carolina），巴鲁克海洋野外实验室（Baruch Marine Field Laboratory），美国乔治城，第142页

加里·贝尔（Gary Bell），OceanwideImage.com，第9页

马克·波义耳（Mark Boyle），第10页

简（Jean）和莫尼克·卡雄（Monique Cachon），第84页

克劳德·凯利（Claude Carré），皮埃尔和玛丽居里大学（Université Pierre et Marie Curie, UPMC）法国巴黎，第96页，第97页

玛戈·卡迈克尔（Margaux Carmichael），法国国家科学研究中心/皮埃尔和玛丽居里大学，罗斯科夫生物站（Station biologique de Roscoff, SBR），第49页，第50页，第66页

玛丽·约瑟夫·克里提诺特·迪奈特（Marie Joseph Chrétiennot-Dinet），法国国家科学研究中心图片库（CNRS Photothèque），第48页

劳伦特·科隆姆拜特（Laurent Colombet），第131页

韦恩·戴维斯（Wayne Davis），oceanaerials.com，第7页

马克·戴伊尔（Mark Dayel），mark@dayel.com，第90页

查尔斯·达尔文（Charles Darwin），第15页

约翰·德赛勒（Johan Decelle）和法布里斯·诺特（Fabrice Not），法国国家科学研究中心/皮埃尔和玛丽居里大学，罗斯科夫生物站，法国罗斯科夫，第82页，第84页

约翰·德赛勒、塞巴斯蒂安·柯林（Sébastien Colin）、法布里斯·诺特（Fabrice Not）和科隆邦·巴尔加斯（Colomban de Vargas），法国国家科学研究中心/皮埃尔和玛丽居里大学，罗斯科夫生物站，法国罗斯科夫，第83页

约翰·德赛勒，法国国家科学研究中心/皮埃尔和玛丽居里大学，罗斯科夫生物站，法国罗斯科夫，第79页

安娜·迪尼奥德·加西亚（Anna Deniaud Garcia），塔拉海洋科考，第17页，第24页

约翰·杜兰（John Dolan），法国国家科学研究中心，滨海自由城海洋观测站（Observatoire Océanologique de Villefranche-sur-Mer），第87页，第89页

纪尧姆杜·普拉特（Guillaume Duprat）和克里斯蒂安·萨尔代，第12页，第13页

伊万·佩雷斯（Yvan Perez），艾克斯-马赛大学（Université d'Aix-Marseille），第184页

玛丽·多米尼克·皮扎（Marie Dominique Pizay），约翰·杜兰，鲁道夫·莱米（Rodolphe Lemée），法国国家科学研究中心，滨海自由城海洋观测站，第67页

克里斯蒂安·鲁维埃（Christian Rouvière），法国国家科学研究中心，滨海自由城海洋观测站，发育生物学实验室，第66页

诺埃·萨尔代，帕拉影视工作室，加拿大蒙特利尔，第22页，第59页，第119页，第125页，第141页，第162页

诺埃·萨尔代，第6页，第71页，第75页，第77页，第101页，第171页

尤里斯·萨尔代（Ulysse Sardet），第76页

亚历山大·谢米诺夫（Alexander Semenov），第166页，第167页，第192页

斯蒂芬·希伯特（Stefan Siebert），布朗大学，美国普罗维登斯，第114页，第177页，第179页，第180-181页，第202页，第203页，第208页

基奥基·斯坦德（Keoki Stender）MarinelifePhotography.com，第128页，第131页

马修·苏里文（Matthew Sullivan），詹尼佛·布鲁姆（Jennifer Brum），亚利桑那大学，美国凤凰城，第34页

塔拉海洋科考，第120-121页,第156-157页,第186页，第200页

田中敦子(Atsuko Tanaka)和克里斯·保勒，巴黎高等师范学校，巴黎，第43页

埃里克·辛普森（Eric Thompson）、菲利普·加诺（Philippe Ganot）和恩迪·斯普利埃（Endy Spriet），萨斯国际海洋分子生物学中心，挪威卑尔根，第206页

杰里米·杨（Jeremy Young），伦敦大学学院（University College），第49页，第50页,第51页

马库斯·威鲍尔（Markus Weinbauer），法国国家科学研究中心，滨海自由城海洋观测站，第33页，第34页，第35页

维基共享资源（Wikicommons），第15页

大卫·罗贝尔（David Wrobel），第92页,第118页,第201页

参考书目和网站

参考书

Arthus Bertrand, Y., and B. Skerry (2012) Man and the Sea: Planet Ocean. Goodplanet Foundation.

Bergbauer, M., and B. Humberg (2007) La vie sous-marine en Méditerranée. Vigot.

Blandin, P. (2010) Biodiversité. Albin Michel.

Boltovskoy, D. ed. (1999) South Atlantic Zooplankton. Backhuys Publishers.

Bougis, P. (1974) Écologie du plancton marin. Elsevier Masson.

Brusca, R. C., and G. J. Brusca (1990) Invertebrates. Sinauer Associates.

Burnett, N., and B. Matsen (2002) The Shape of Life. Sea Studios, Foundation and Monterey Bay Aquarium. Boxwood Press.

Carroll, S.B. Endless Forms Most Beautiful. W.W. Norton & Co.

Carson, R. (2012) The Sea Around Us. Oxford University Press.

Conway, D. V. P., R.G. White, J. Hugues-Dit-Ciles, C.P.Gallienne, and D.B. Robins (2003) Guide to the Coastal and Surface Zooplankton of the South western Indian Ocean. Vol. No. 15. Marine Biological Association of the United Kingdom.

Deutsch, J. (2007) Le ver qui prenait l'escargot comme taxi. Le Seuil.

Dolan, J. R., D. J. S. Montagnes, S. D. Agatha, W. Coats, D. K. Stoecker (2012) The Biology and Ecology of Tintinnid Ciliates:Models for Marine Plankton. Wiley-Blackwell.

Elmi, S., and C. Babin (2012) Histoire de la terre. Dunod.

Falkowski, P. G., and J. Raven (1 997) Aquatic Photosynthesis. Blackwell Science.

Fortey, R. (1997) Life. Vintage Books.

Garstang, W. (1951) Larval Forms and Other ZoologicalVerses. Blackwell.

Gershwin L. (2013) Stung! On Jellyfish Blooms and the Future of the Ocean. University of Chicago Press.

Glémarec, M. (2010) la Biodiversité littorale, vue, vue par Mathurin Méheut. Éditions Le Télégramme.

Gudin, C. (2003) Une histoire naturelle de la séduction. Le Seuil.

Gould, S. J. ed. (1993) The Book of Life. W.W. Norton & Co.

Goy, J. (2009) Les Miroirs de méduses. éd. Apogée

Gowel, E. (2004) Amazing Jellies. Bunker Hill Publishing.

Hardy, A. C. (1964) The Open Sea: The World of Plankton. Collins.

Haeckel, E. (1882) The Radiolarian Atlas, Rev. Ed., Art Forms from the Ocean, Prestel Verlag, 2010.

Hill, R. W., G. A. Wyse, and M.Anderson (2008) Animal Physiology. Sinauer Associates.

Hinrichsen, D. (2011) The Atlas of Coasts and Oceans: Ecosystems, Threatened Resources. University of Chicago Press.

Jacques, G. (2006) Écologie du plancton. Tec & Doc Lavoisier.

Johnson, W.S., and D.M. Allen (2012) Zooplankton of the Atlantic and Gulf Coasts: A Guide to Their Identification and Ecology. John Hopkins University Press.

Karsenti E., and D. Di Meo (2012) Tara Oceans: Chroniques d'une expédition scientifique. Actes Sud, Tara Expéditions.

Keynes, R.D. ed. (2001) Charles Darwin's Beagle Diary. Cambridge University Press.

Kolbert, E. (2014) The Sixth Extinction: An Unatural History. Bloomsbuy.

Kozloff, E. N. (1993) Seashore Life of the Northern Pacific Coast. University of Washington Press.

Kirby, R. R. (2010) Ocean Drifters: A Secret World Beneath the Waves. Firefly Books.

Knowlton, N. (2010) Citizens of the Sea: Wondrous Creatures from the Census of Marine Life. National Geographic Society.

Konrad, M. W. (2011) Life on the Dock. Science Is Art.

Kraberg, A., M. Baumann, and C. Durselen (2010) Coastal Phytoplankton: Photo Guide for Northern European Seas. Verlag.

Larink, O., and W. Westheide (2012) Coastal plankton: Photo Guide for European Seas. Verlag.

Lecointre, G., and H. Le Guyader (2007) The Tree of Life: A Phylogenetic Classification. Harvard University Press.

Loir, M. (2004) Guide des diatomées. Delachaux & Niestlé.

Munn, C.B. (2004) Marine Microbiology. Taylor and Francis Publishers.

Margulis, L., and K. V. Schwartz (1988). Five Kingdoms. W. H. Freeman.

Mollo, P., and A.Noury (2013) Le manuel du plancton. Charles Léopold Mayer Editons

Moore, J. (2001) An Introduction to the Invertebrates. Cambridge University Press.

Nielsen, C. (2001) Animal Evolution. Oxford University Press.

Nouvian, C. (2007) The Deep: The Extraordinary Creatures of the Abyss. University of Chicago Press.

Pietsch, T. W. (2012) Trees of Life. John Hopkins University Press.

Prager, E. J. (2000) The Oceans. McGraw Hill.

Reynolds, C. (2006) Ecology of Phytoplankton. Cambridge University Press.

Ricketts, E., Calvin, and J. W. Hedgpeth, (1968) Between Pacific Tides. Stanford University Press.

Segar, A. D. (2006) Ocean Sciences. W.W. Norton & Co.

Seguin, G., J.-C. Braconnot, and B. Elkaim (1997) le plancton. Presses Universitaires de France.

Schmidt-Rhaesa, A. (2007) The Evolution of Organ Systems. Oxford University Press.

Smith, D. L., and K. B. Johnson (1996) A Guide to Marine Coastal Plankton and Marine Invertebrate Larvae. Kendall/Hunt Publishing

Snelgrove, P.V.R. (2010) Discoveries of the Census of Marine Life. Cambridge University Press.

Southwood, R. (2003) The Story of Life. Oxford University Press.

Strathmann, M. (1987) Reproduction and Development of Marine Invertebrates of the Northern Pacific Coast. University of Washington Press.

Thomas-Bourgneuf M., and P.Mollo (2009) L'Enjeu plancton : L'écologie de L'invisible. Charles Léopold Mayer Editions.

Todd, C. D., M. S. Laverack, and G. A. Boxshall (1996) Coastal Marine Zooplankton : a Practical Manual for Students. Cambridge University Press.

Tomas, C. R., ed. (1997) Identifying Marine Phytoplankton. Academic Press.

Trégouboff, G., and M. Rose (1957) Manuel de planctonologie méditerranéenne. Centre National de la Recherche Scientifique.

Vogt, C., (1854) Recherches sur les animaux inférieurs de la Méditerranée : les siphonophores de la Mer de Nice. H. Georg Editor.

Wilkins, A.S. (2004) The Evolution of Developmental Pathways. Sinauer Associates.

Willmer, P., G. Stone, and I. Johnston (2005)Environmental Physiology of Animals. Blackwell

Wood, L. (2002) Faune et flore sous-marines de la Méditerranée. Delachaux & Niestlé.

Wrobel, D., and C.E. Mills (1998) Pacific Coast Pelagic Invertebrates: A Guide to the Common Gelatinous Animals. Sea Challengers and the Monterey Bay Aquarium.

Yamaji, I. (1959) The Plankton of Japanese Coastal Waters. Hoikusha.

通用网站

浮游生物志：www.planktonchronicles.org

浮游生物入门： http://blog.planktonportal.org

浮游生物网：Plankton Net: http://planktonnet.awi.de

塔拉海洋科考：http://oceans.taraexpeditions.org & www.embl.de/tara-oceans/start

滨海自由城海洋观测站：www.obs-vlfr.fr/gallery2/main.php

生命大百科/教育/生命进化树： http://eol.org & http://education.eol.org & http://tolweb.org/tree/home.pages/ toleol.html

海洋物种： http://species-identification.org/index.php

TED教育 浮游生物相关视频：http://ed.ted.com/lessons/how-life-begins-in-the-deep-ocean & www.ted.com/talks/the_secret_life_of_plankton.html

海洋生物普查： www.coml.org & www.cmarz.org

Kahikai图库：www.kahikaiimages.com/home

浮游动物网站

大卫・罗贝尔（David Wrobel）/胶质生物： http://jellieszone.com

凯西・唐恩（Casey Dunn）/管水母： www.siphonophores.org

史蒂夫・哈多克（Steve Haddock）/生物发光： http://biolum.eemb.ucsb.edu

水母： www.jellywatch.org

原生生物网站

藻类和浮游植物： www.algaebase.org/search/species/

原生生物： http://starcentral.mbl.edu/microscope/portal.php?pagetitle=index et www.radiolaria.org

约翰・杜兰（John Dolan）/Aquaparadox: http://www.obs-vlfr.fr/gallery2/v/Aquaparadox

罗斯科夫生物站/浮游植物： www.sb-roscoff.fr/Phyto/RCC/index.php

译后记

四岁的女儿问我："大鱼吃小鱼，小鱼吃虾米，虾米吃什么？"

"海里最多的生物是什么？"

"妈妈，你研究的东西长什么样？"

浮游生物，是我打了几年交道的研究对象，我的工作主要是借助基因序列去探究浮游生物的多样性及其对环境变化的响应及适应机制。然而，当我翻译这本书时，才发现，我对它们的了解是如此匮乏：我未曾见识许多种类的真面目，也未曾真正了解它们能如此千变万化、"身怀绝技"。授课时，我常向学生们骄傲地列举诸多数字，来说明我们的研究对象是多么重要：丰富的物种多样性，庞大的造氧量和固碳量……而描述它们的形态和行为时，方知语言的苍白无力。更没想到，我的研究对象会这么早地出现在孩子好奇的提问中。感谢这本书，帮我给出了生动、饱满的回答。书中真实、清晰的照片为我们奉上了一场震撼的视觉盛宴，打开了一个与我们息息相关却常常被忽略的微观世界。它是塔拉海洋科考和"浮游生物志"计划的重要成果之一，更是一本精彩的游记，向我们娓娓道来一场奇幻漂流之旅。

我们常说，图案与色彩是孩子们认识新世界最直观的开始，那么，充分了解浮游生物的形态与结构也是我们认识浮游生物世界、研究其复杂的生物学和生态学问题的前提。我十分钦佩作者克里斯蒂安·萨尔代，以及许许多多在显微镜前花大量时间观察、记录、描述浮游生物的学者们，是他们为这些海洋小精灵留下一张张"证件照"，开启了认识浮游生物世界的第一道门。

尽管翻译是个既费体力又费脑力的过程，但孩子们好奇的眼神和不断的追问成为我与校译曲茜女士的原动力，我们一拍即合接下了本书的翻译工作。在这个"痛并快乐着"的过程中，我获益良多，重温了许多浮游生物学专著，并在马克·欧曼教授的介绍下结识了新朋友——本书的作者克里斯蒂安·萨尔代，一位严谨治学、对科学传播充满热情的学者。翻译过程中，得到了刘光兴教授、陈洪举博士、曹泉博士和李磊博士的大力支持，在此表示衷心的感谢。

原著中部分物种没有确切对应的中文学名，中译本中直接用拉丁学名表示。译稿中还有诸多需要仔细推敲的地方，敬请广大读者不吝指正。

庄昀筠

2018 年 11 月 22 日

于 青岛

图书在版编目（CIP）数据

浮游生物：奇幻的漂流世界 / （法）克里斯蒂安·
萨尔代（Christian Sardet）著；庄昀筠译. —— 北京：
海洋出版社，2019.1
　　ISBN 978-7-5210-0247-8

Ⅰ．①浮… Ⅱ．①克… ②庄… Ⅲ．①浮游微生物－
图集 Ⅳ．①Q939-64

中国版本图书馆CIP数据核字(2018)第264954号

Originally published in french as 《Plancton, aux origines du vivant》
2013 Les Editions Eugen Ulmer, Paris, France. All rights reserved.
www.editions-ulmer.fr
The simplified Chinese translation rights arranged through Rightol Media
（本书中文简体版权经由锐拓传媒取得。E-mail:copyright@rightol.com）

版权合同登记号　图字：01-2017-1825

浮游生物:奇幻的漂流世界

著　　者 / （法）克里斯蒂安·萨尔代
译　　者 / 庄昀筠
校　　译 / 曲　茜
责任编辑 / 项　翔　蔡亚林
责任印制 / 赵麟苏

出　　版 / 海洋出版社
　　　　　北京市海淀区大慧寺路8号
网　　址 / www.oceanpress.com.cn
发　　行 / 新华书店北京发行所经销
发行电话 / 010-62132549
邮购电话 / 010-68038093
印　　刷 / 北京朝阳印刷厂有限责任公司

版　　次 / 2019年6月第1版
印　　次 / 2019年6月第1次印刷
开　　本 / 787mm×1092mm　　1/16
字　　数 / 173千字
印　　张 / 14
书　　号 / 978-7-5210-0247-8
定　　价 / 198.00元

敬启读者：如发现本书有印装质量问题，请与发行方联系调换